高等职业教育岗课赛证综合育人系列教材

环 境 监 测

主　编　王海萍　彭娟莹
参　编　郑立国　方　晖　于婉婷
　　　　王固宁　毕军平　田　耘

北京理工大学出版社
BEIJING INSTITUTE OF TECHNOLOGY PRESS

内 容 提 要

本书对水质监测、大气监测、土壤与固体废物监测、噪声监测的基本理论和方法进行了详细讲述，培养学生职业能力和知识应用能力。分别对水、气、土壤与固体废物、噪声实际监测或分析项目以任务的形式编排，着重培养学生的动手能力和专业技能。

本书主要适用于环境工程、环境科学及其他环境类相关专业的学生，也可作为大中专院校、环境保护相关企事业单位及职业资格考试的培训教材。

版权专有　侵权必究

图书在版编目（CIP）数据

环境监测 / 王海萍，彭娟莹主编. -- 北京：北京理工大学出版社，2021.12（2025.1重印）
ISBN 978-7-5763-0777-1

Ⅰ.①环… Ⅱ.①王… ②彭… Ⅲ.①环境监测—教材 Ⅳ.①X83

中国版本图书馆CIP数据核字（2021）第267031号

责任编辑：阎少华		**文案编辑**：阎少华	
责任校对：周瑞红		**责任印制**：边心超	

出版发行 / 北京理工大学出版社有限责任公司
社　　址 / 北京市丰台区四合庄路6号
邮　　编 / 100070
电　　话 /（010）68914026（教材售后服务热线）
　　　　　　（010）63726648（课件资源服务热线）
网　　址 / http://www.bitpress.com.cn
版 印 次 / 2025年1月第1版第3次印刷
印　　刷 / 河北鑫彩博图印刷有限公司
开　　本 / 787 mm × 1092 mm　1/16
印　　张 / 12
字　　数 / 269千字
定　　价 / 39.80元

图书出现印装质量问题，请拨打售后服务热线，负责调换

前言

Foreword

1979年年底,原国家计划委员会批准成立中国环境监测总站,标志着我国环境监测事业发展正式起步。1980—1990年,国家先后召开了四次全国环境监测会议,颁布《全国环境监测管理条例》,环境监测走向了制度化、规范化道路。2015年,国务院印发《生态环境监测网络建设方案》,深入推进国家环境质量监测事权上收;同年,环保部发布《关于推进环境监测服务社会化的指导意见》,全面放开服务型监测市场。目前,生态环境部已形成了国家—省—市—县四级生态环境监测架构;环境监测市场蓬勃发展,环境监测服务社会化稳步推进。环境监测对生态文明建设与生态环境保护的基础支撑作用更加凸显,成为生态环境管理的"顶梁柱"。

随着国家环境监测事业的大发展,环境监测技术人员的培养也必须随之跟进。本书按水、气、土壤、固体废物、噪声等环境监测要素分项目、分任务构建教材体系;按学习认知规律,以任务导入—知识学习—学习小结—拓展知识—学习自测的顺序编排教材内容。本书主要适用于环境工程技术、环境管理与评价、资源综合利用技术、水净化与安全技术等环境资源与安全类多个专业,也可作为大中专院校、环境保护相关企事业单位及职业资格考试的培训用书。

本书编写具有以下特色:

1. 由校企共同开发、设计和编写,内容的编排对接了方案编制、采样、分析和报告编制等监测岗位,有效融通岗证需求,使教材更具实践推广性。

2. 结合环境监测本身所具有的环保、质量和安全等思政特点,从学习目标设计、任务安排和内容的选取等多方位融入思政元素,有效增强和落实教材的德育功能。

3. 配套资源链接二维码,并对其中时效性内容同步更新,使用者能及时获取和学习环境标准与技术规范等内容,有利于环境监测标准化和规范化意识的培养。

4. 配备省级教学资源库"环境监测"课程学习资源,使用者可同时登录智慧职教在线课程学习平台,免费获取信息化开放资源,有效提高学习效率。

本书由常年工作在教学和科研一线、有丰富实践经验的教师和企业专家共同编写。本书编写分工如下:长沙环境保护职业技术学院王海萍、彭娟莹、郑立国和方晖编写项目

一、项目二和项目三，长沙环境保护职业技术学院于婉婷、广东环境保护工程职业学院王固宁、湖南省生态环境监测中心毕军平和广电计量检测（湖南）有限公司田耘编写项目四和项目五。全书由王海萍统稿。

本书在编写过程中得到了长沙环境保护职业技术学院各级领导的支持和帮助，北京理工大学出版社对本书的出版给予了很大的支持，在此一并致以衷心感谢。本书编写过程中参考了大量的文献资料，在此向这些文献的作者表示感谢。

由于编者水平有限，书中难免存在错误和不足之处，敬请各位读者给予批评指正。

编　者

目录

Contents

项目一　课程导入	1
任务　明确环境监测基本知识	1
一、环境监测基础	1
二、环境监测分析方法	6
三、数据处理和常用统计方法	7
四、实验室基础	21

项目二　水质监测 ……………………………… 29
 任务一　制定水质监测方案 ……………………… 29
  一、水体污染与监测指标 …………………… 30
  二、布点方法 ………………………………… 34
  三、水样的采集 ……………………………… 37
  四、水样的运输与保存 ……………………… 44
  五、样品的预处理 …………………………… 46
  六、监测方案的制定 ………………………… 51
 任务二　水质项目分析测定 ……………………… 55
  一、水样色度的测定 ………………………… 55
  二、水样总磷的测定 ………………………… 57
  三、水样化学需氧量的测定 ………………… 61
  四、水样铁的测定 …………………………… 63
  五、水样钴的测定 …………………………… 65

项目三　大气监测 ……………………………… 71
 任务一　空气环境质量监测 ……………………… 71
  一、大气污染与监测指标 …………………… 71
  二、空气质量监测准备 ……………………… 75

三、布点方法··76
　　四、大气采样方法和技术··78
　　五、环境空气 PM_{10} 和 $PM_{2.5}$ 的测定··87
　　六、空气中二氧化硫的测定··90
　　七、环境空气氮氧化物的测定··95
　任务二　固定污染源废气监测··99
　　一、固定污染源监测准备··100
　　二、固定污染源监测布点方法··101
　　三、烟气相关参数的测定··104
　　四、固定污染源排气中颗粒的测定···111
　　五、固定污染源排中气态污染物的测定···114
　任务三　室内空气监测··118
　　一、室内空气质量监测点位的布设···118
　　二、室内空气监测方案的制定··119

项目四　土壤与固体废物监测··124

　任务一　制定土壤质量监测方案··124
　　一、土壤监测基本知识··125
　　二、土壤监测方案的制定··128
　任务二　固体废物监测方案的制定··135
　　一、固体废物监测基本知识··135
　　二、固体废物监测方案的制定··137
　任务三　土壤与固体废物监测项目分析测定··141
　　一、土壤 pH 值的测定··141
　　二、土壤和沉积物中铜、锌、铅、镍、铬的测定································144
　　三、固体废物浸出液多环芳烃的测定··147

项目五　噪声监测··156

　任务一　噪声监测准备··156
　　一、声学基础··157
　　二、噪声及其评价··161
　　三、噪声标准··167
　　四、噪声测量仪器··173
　任务二　噪声现场监测··176
　　一、城市声环境监测···176
　　二、工业企业厂界环境噪声监测··181

参考文献··186

项目一　课程导入

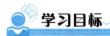

知识目标
1. 理解环境监测的基本概念；
2. 掌握环境监测的基本程序和基本原则；
3. 掌握监测结果的表述方法。

技能目标
1. 能准确表述环境监测的工作程序；
2. 能正确进行监测数据的回归处理和相关分析；
3. 能规范、安全地开展监测实验室常规操作。

素质目标
1. 热爱环保事业，爱岗敬业；
2. 树立良好的规范意识及严谨的工作作风；
3. 具有良好的实验室安全常识。

任务　明确环境监测基本知识

任务导入

环境监测基础对于一个进行环境监测课程学习的初学者来说至关重要，有了扎实的基本知识，才能在后期的学习中循序渐进，逐步掌握环境监测的技术和技能。

本任务以当地一家第三方检测公司为实践场所，在公司专业技术人员的带领下参观公司实验室，了解实验室的分类、环境监测项目的实施流程，以及实验室的管理制度和岗位职责，在参观的过程中严格按照公司管理要求文明参观，认真听取技术人员的讲解，做好记录，返校后撰写一篇不少于800字的观后感。

知识学习

一、环境监测基础

环境监测是指由环境监测机构按照规定的程序和有关法规的要求，对代表环境质量及发展趋势的各种环境要素进行技术性监视、测试和解释，对环境行为符合法规情况进行执法性监督、控制和评价的全过程操作。

(一)环境监测的发展

1. 被动监测

环境污染虽然自古就有,但环境科学作为一门学科是在 20 世纪 50 年代才开始发展起来的。最初危害较大的环境污染事件主要是由化学毒物造成的,因此,对环境样品进行化学分析以确定其组成和含量的环境分析就产生了。环境分析实际上是分析化学的发展,这一阶段被称为污染监测阶段或被动监测阶段。

2. 主动监测

20 世纪 70 年代,随着科学的发展,人们逐渐认识到影响环境质量的因素不仅是化学因素,还有物理因素,如噪声、振动、光、热、电磁辐射、放射性等。利用生物的受害症状和变化作为判断环境质量的标准,出现了生物监测,并从生物监测向生态监测发展,即在时间和空间上对特定区域范围内生态系统或生态系统组合体的类型、结构和功能及其组合要素进行系统观测和测定,以了解、评价和预测人类活动对生态系统的影响,为合理利用自然资源、改善生态环境提供科学依据。因此,环境监测的手段除化学的外,还有物理的、生物的等。同时,监测范围也从局部污染的监测发展到区域性的立体监测,这一阶段被称为环境监测的主动监测或目的监测阶段。

3. 自动监测

20 世纪 70 年代初,发达国家相继建立了自动连续监测系统,并使用了遥感、遥测手段,使用电子计算机作为遥控监测仪器,数据通过有线或无线传输的方式送到监测中心控制室,经电子计算机处理,可自动打印成指定的表格,利用计算机软件对数据进行分析,可以在极短时间内观察到空气、水体污染浓度变化,预测未来环境质量,这一阶段被称为污染防治监测阶段或自动监测阶段。

(二)环境监测的分类

1. 按监测目的和性质分类

(1)常规监测。常规监测是监测工作的主体,主要包括污染源监测和环境质量监测两个方面。

①污染源监测:主要是掌握污染排放浓度、排放强度、负荷总量、时空变化等,为强化环境管理,贯彻落实有关标准、法规、制度等做好技术监督和提供技术支持。

②环境质量监测:主要是指定期定点对指定范围的大气、水质、噪声、辐射、生态等各项环境质量因素状况进行监测分析,为环境管理和决策提供依据。

(2)特例监测。特例监测的内容、形式很多,但工作频率相对较低,主要包括污染事故监测、仲裁监测、考核验证监测和咨询服务监测四个方面。

①污染事故监测:主要是确定各种紧急情况下发生的各类污染事故的污染程度、范围和影响等。

②仲裁监测：主要是为解决环保执法过程中发生的矛盾和纠纷提供依据，为有关部门处理污染问题提供公正的监测数据。

③考核验证监测：主要是指设施验收、环境评价、机构认可和应急性监督监测能力考核等监测工作。

④咨询服务监测：主要是为科研、生产部门提供有关监测数据，承担社会科研咨询工作等。

(3) 研究监测。研究监测一般需要多学科协作，属于较复杂的高水平监测，主要是指污染普查、环境本底调查及直接为建立标准、制定方法等服务的科研监测等。

2. 按监测介质或对象分类

按监测介质或对象分类，环境监测可分为水质监测、空气监测、土壤监测、固体废物监测、生物监测、噪声和振动监测、电磁辐射监测、放射性监测、热监测、光监测、卫生(病原体、病毒、寄生虫等)监测等。

(三)环境监测的特点

1. 生产性

环境监测具备生产过程的基本环节，有一个类似生产的工艺定型化、方法标准化和技术规范化的管理模式，数据就是环境监测的基本产品。

2. 综合性

环境监测的对象涉及水、气、土壤、固体废物、热、电、磁、声、光、振动、辐射波及生物等诸多客体；环境监测手段包括化学的、物理的、生物的及互相结合的等多种方法；监测数据解析评价涉及自然科学、社会科学等许多领域。所以环境监测具有很强的综合性，只有综合应用各种手段，综合分析各种客体，综合评价各种信息，才能较为准确地揭示监测信息的内涵，说明环境质量状况。

3. 追踪性

要保证监测数据的准确性和可比性，就必须依靠可靠的量值传递体系进行数据的追踪溯源。

4. 持续性

环境监测数据如同水文气象数据一样，只有在有代表性的监测点位上持续监测，才有可能客观、准确地揭示环境质量发展变化的趋势。

5. 执法性

环境监测除需要及时、准确提供监测数据外，还要根据监测结果和综合分析结论，为主管部门提供决策建议和执法性监督。

(四)环境监测的基本程序

环境监测就是在对监测信息进行解析的基础上，揭示监测数据的内涵，进而提出控制对策建议，并依法实施监督，从而达到为环境管理和环境监督服务的目的。其一般工作程序主要包括以下内容。

1. 受领任务

环境监测是一项政府行为和技术性、执法性活动,所以必须要有确切的任务来源依据。环境监测的任务主要来自环境保护主管部门的指令、单位、组织或个人的委托、申请和监测机构的安排三方面。

2. 明确目的

根据任务下达者的要求,确定针对性较强的监测工作具体目的。

3. 现场调查

根据监测目的,进行现场调查研究,掌握主要污染源的来源、性质及排放规律,污染受体的性质与污染源的相对位置,以及水文、地理、气象等环境条件和历史情况等。

4. 方案设计

根据现场调查情况和有关技术规范要求,认真做好监测方案设计,并据此进行现场布点作业,做好标识和必要准备工作。

5. 采集样品

按照设计方案和规定的操作程序,实施样品采集,对某些需现场处置的样品,应按规定进行处置包装,并如实记录采样实况和现场实况。

6. 运送保存

按照规范方法要求,将采集的样品和记录表及时安全地送往实验室,办好交接手续。

7. 分析测试

按照规定的程序和分析方法,对样品进行分析,如实记录检测信息。

8. 数据处理

对测试数据进行处理和统计检验,并整理录入数据库。

9. 综合评价

依据有关规定和标准进行综合分析,并结合现场调查资料对监测结果做出合理解释,出具监测报告。

(五)环境监测的基本原则

环境监测应遵循优先监测原则、可靠性原则和实用性原则。

1. 优先监测原则

世界上目前已知的化学品有 2 400 万种之多,而进入环境的化学物质已达 10 万种以上。人们不可能对每种化学品都进行监测,这就需要对众多有毒污染物进行分级排队,从中筛选出优先污染物。优先污染物是指难以降解、在环境中有一定残留水平、出现频率较高、具有生物积累性、毒性较大的化学物质。对优先污染物进行的监测称为"优先监测"。

确定优先监测的污染因子视监测对象和目的不同而异,如饮用水源应优先监测重点影响健康的项目，农田灌溉和渔业用水优先安排毒物的监测，交通干线应优先监测汽车排出的主要有毒气体等。

优先监测的污染物应具有相对可靠的测试手段和分析方法，并能获得正确的测试数据，已经定有环境标准或评价标准，能对测试数据做出正确的解释和判断。

美国是最早开展优先监测的国家。早在20世纪70年代中期就规定了水质中129种优先监测污染物，其后又提出了43种空气优先监测污染物名单。

"中国环境优先监测研究"也已完成，提出了中国环境优先监测物"黑名单"，包括14种化学类别，共68种有毒化学物质。其中，有机物58种，包括卤代烃、苯系物、多氯联苯、多环芳烃、酚类、硝基苯类等；无机物10种，包括砷、镉、铬、铅、汞等重金属及其化合物。

2. 可靠性原则

对选择的污染物必须有可靠的测试手段和有效的分析方法，保证获得准确、可靠、有代表性的数据。

3. 实用性原则

能对监测数据做出正确的评价，若无标准可循，又不了解对人类健康或对生态系统的影响，将使监测陷入盲目性。

(六) 环境监测结果的要求

环境监测是环境保护工作的重要环节。它既为了解环境质量状况、评价环境质量提供信息，也为制定管理措施，建立各项环境保护法令、法规、条例提供决策依据。因此，环境监测工作一定要保证监测结果的准确可靠，能科学地反映实际情况。具体地说，监测结果要具有"五性"。

1. 代表性

代表性是指在有代表性的时间、地点并按有关要求采集有效样品，使采集的样品能够反映总体的真实状况。

2. 完整性

完整性强调工作总体规划切实完成，即保证按预期计划取得系统性和连续性的有效样品，而且无缺漏地获得这些样品的监测结果及有关信息。

3. 可比性

可比性不仅要求各实验室之间对同一样品的监测结果相互可比，也要求每个实验室对同一个样品的监测结果应该达到相关项目之间的数据可比，相同项目没有特殊情况时，历年同期的数据也是可比的。

4. 准确性

准确性是指测定值与真值的符合程度。

5. 精密性

精密性表现为测定值有良好的重复性和再现性。

二、环境监测分析方法

(一)监测分析方法体系

正确选择监测分析方法,是获得准确结果的关键因素之一。选择分析方法应遵循的原则:灵敏度能满足定量要求;方法成熟、准确;操作简便,易于普及;抗干扰能力强。根据上述原则,为使监测数据具有可比性,各国在大量实践的基础上,对环境中的不同污染物质都编制了相应的分析方法。这些方法有以下三个层次,它们相互补充,构成完整的监测分析方法体系。

1. 国家标准分析方法

我国已编制多项包括采样在内的标准分析方法,这些比较经典、准确度较高的方法,是环境污染纠纷法定的仲裁方法,也是用于评价其他分析方法的基准方法。

2. 统一分析方法

有些项目的监测方法尚不够成熟,但这些项目又急需测定,因此,经过研究作为统一方法予以推广,在使用中积累经验,不断完善,为上升为国家标准方法创造条件。

3. 等效方法

与一、二类方法的灵敏度、准确度具有可比性的分析方法称为等效方法。这类方法可能采用新的技术,应鼓励有条件的单位先用起来,以推动监测技术的进步。但是,新方法必须经过方法验证和对比试验,证明其与标准方法或统一方法是等效的才能使用。

(二)环境监测分析方法的分类

按照监测方法所依据的原理,环境监测分析方法可分为化学分析法和仪器分析法两大类。

1. 化学分析法

化学分析法是以特定的化学反应为基础的分析方法。其可分为重量分析法和容量分析法。

(1)重量分析法是将待测物质以沉淀的形式析出,经过过滤、烘干、用天平称其质量,通过计算得出待测物质的含量。由于重量分析法的手续烦琐、费时费力,因而在环境监测中的应用少,但是重量分析法准确度比较高,环境监测中的硫酸盐、二氧化硅、残渣、悬浮物、油脂、可吸入颗粒物和降尘等的标准分析方法仍建立在重量分析法基础上。随着称量工具的改进,重量分析法有可能重新得到重视,例如,压电晶体的微量测重法测定大气中可吸入颗粒物和空气中的汞蒸气等。

(2)容量分析法又称滴定分析法,是用一种已知准确浓度的标准溶液,滴加到含有被测物质的溶液中,根据化学反应完全时消耗标准溶液的体积和浓度,计算出被测物质的含量。滴定分析方法简便,测定结果的准确度也较高,不需贵重的仪器设备,至今被广泛采用,是一种重要的分析方法。

根据化学反应类型的不同，滴定分析法可分为以下四种：
①酸碱滴定法以质子传递反应为基础，用来测定酸和碱。
②络合滴定法以络合反应为基础，用来测定金属离子。
③沉淀滴定法以沉淀反应为基础，可用以测定 Ag^+、CN^-、SCN^- 及卤素等离子。
④氧化还原滴定法以氧化还原反应为基础，可用于对具有氧化还原性质的物质进行测定。

2. 仪器分析法

仪器分析法是利用被测物质的物理或物理化学性质来进行分析的方法。根据分析原理和仪器的不同，环境监测中常用到以下几类：

(1)色谱分析法：包括气相色谱法、高效液相色谱法、薄层色谱法、离子色谱法等。

(2)电化学分析法：包括极谱法、溶出伏安法、电导分析法、电位分析法、离子选择电极法、库仑分析法等。

(3)光学分析法：包括分子光谱法和原子光谱法。

(4)放射分析法：包括同位素稀释法、中子活化分析法等。

仪器分析法具有灵敏度高、选择性强、简便快速、可以进行多组分分析、容易实现连续自动分析等优点。仪器分析法的发展非常迅速，目前各种新方法、新型仪器层出不穷，促使监测技术趋于快速、灵敏、准确。

三、数据处理和常用统计方法

(一)基本概念

1. 准确度

准确度是用一个特定的分析程序，所获得的分析结果(单次测定值和重复测定值的均值)与真值之间符合程度的量度。其是反映该方法或系统存在的系统误差或偶然误差的综合指标，决定着测定结果的可靠性。准确度用绝对误差或相对误差表示。

2. 精密度

精密度是指用特定的分析程序，在受控条件下重复分析均一样品所得测定值的一致程度。其反映分析方法或测量系统所存在随机误差的大小，可用极差、平均偏差、相对平均偏差、标准偏差和相对标准偏差来表示，最常用的是标准偏差。

在讨论精密度时，常要遇到如下一些术语：

(1)平行性。平行性是指在同一实验室中，当分析人员、分析设备和分析时间都相同时，用同一分析方法对同一样品进行双份或多份平行样品测定结果之间的符合程度。

(2)重复性。重复性是指在同一实验室内，当分析人员、分析设备和分析时间三因素中至少有一项不同时，用同一分析方法对同一样品进行的两次或两次以上独立测定结果之间的符合程度。

(3)再现性。再现性是指在不同实验室(分析人员、分析设备，甚至分析时间都不相同)，用同一分析方法对同一样品进行多次测定结果之间的符合程度。

平行性和重复性代表了实验室内部精密度；再现性反映的是实验室间的精密度，通常用分析标准样品的方法来确定。

3. 灵敏度

分析方法的灵敏度是指某种分析方法在一定条件下被测物质浓度或含量改变一个单位时所引起的测量信号的变化程度。其可以用仪器的响应量或其他指示量与对应的待测物质的浓度或量之比来描述，因此，常用标准曲线的斜率来度量灵敏度。

4. 空白试验

试样分析时仪器的响应值(如吸光度、峰高等)不仅是试样中待测物质的分析响应值，还包括所有其他因素，如试剂中杂质、环境及操作进程的玷污等的响应值，这些因素是经常变化的，为了了解它们对试样测定的综合影响，在每次测定时，均应做空白试验。空白试验所得的响应值称为空白试验值。

空白试验又称空白测定，是指用试验用水代替试样的测定。其所加试剂和操作步骤与试验测定完全相同。空白试验应与试样测定同时进行，当空白试验值偏高时，应全面检查空白试验用水、空白试剂、量器和容器是否玷污、仪器的性能及环境状况等。

5. 校准曲线

校准曲线是用于描述待测物质的浓度或量与相应的测量仪器的响应量或其他指示量之间的定量关系的曲线。校准曲线包括工作曲线(绘制校准曲线的标准溶液的分析步骤与样品分析步骤完全相同)和标准曲线(绘制校准曲线的标准溶液的分析步骤与样品分析步骤相比有所省略，如省略样品的前处理)。

监测中常用校准曲线的直线部分。某一方法的校准曲线的直线部分所对应的待测物质浓度(或量)的变化范围，称为该方法的线性范围。

6. 检测限

检测限是指某一分析方法在给定的可靠程度内可以从样品中检测待测物质的最小浓度或最小量。所谓"检测"是指定性检测，即断定样品中确定存在有浓度高于空白的待测物质。检测限有如下几种规定：

(1)分光光度法中规定以扣除空白值后，吸光度为 0.01 相对应的浓度值为检测限。

(2)气相色谱法中规定的最小检测量是指检测器正好能产生与噪声相区别的响应信号时所需进入色谱柱的物质的最小量，通常认为恰能辨别的响应信号最小应为噪声值两倍。最小检测浓度是指最小检测量与进样量(体积)之比。

(3)离子选择性电极法规定某一方法的标准曲线的直线部分外延的延长线与通过空白电位且平行于浓度轴的直线相交时，其交点所对应的浓度值为检测限。

(4)《全球环境监测系统水监测操作指南》中规定，给定置信水平为 95% 时，样品浓度的一次测定值与零浓度样品的一次测定值有显著性差异者，即检测限(D.L)。

$$D.L = 4.6\delta \tag{1-1}$$

式中　δ——空白平行测定(批内)标准偏差。

7. 方法适用范围

方法适用范围是指某一特定方法检测下限至检测上限之间的浓度范围。

8. 测定限

测定限可分为测定下限和测定上限。测定下限是指在测定误差能满足预定要求的前提下，用特定方法能够准确地定量测定待测物质的最小浓度或量；测定上限是指在限定误差能满足预定要求的前提下，用特定方法能够准确地定量测定待测物质的最大浓度或量。

9. 最佳测定范围

最佳测定范围或有效测定范围，是指在限定误差能满足预定要求的前提下，特定方法的测定下限到测定上限之间的浓度范围。显然，最佳测定范围应小于方法适用范围。

(二)误差和偏差

环境监测的目的就是准确地测定污染物质组分的含量。因此，分析结果必须有一定的准确度，否则就会导致科学上的错误结论，从而引发一系列的问题。

即使是很熟练的分析工作者，采用最完善的分析方法和最精密的仪器，对同一个样品在相同的条件下进行多次平行测定，其结果也不会完全相同；如果是几个人，对同一样品进行平行测定，其结果就更难相同了。这说明分析结果必然存在误差，因此，一切从事的科学试验必然存在着误差，这就是误差公理，即"测定结果都具有误差，误差自始至终存在于一切测定的过程之中"。由此看来，误差通常比测量结果的数据要小得多，但其重要性丝毫不比测量结果逊色。

1. 误差和偏差的概念

(1)真值。在某一时刻和某一状态(或位置)下，某事物的量表现出的客观值(或实际值)称为真值。实际应用的真值包括以下几项：

①理论真值：例如三角形内角之和等于180°；

②约定真值：由国际单位制所定义的真值称为约定真值；

③标准器(包括标准物质)的相对真值：高一级标准器的误差为低一级标准器或普通仪器误差的1/5(或1/3~1/20)时，则可以认为前者为后者的相对真值。

(2)误差及其分类。测量结果与其真实值的差值称为误差。误差按其性质和产生的原因可分为系统误差、偶然误差和过失误差。

①系统误差又称可测误差、恒定误差或偏移，是指测量值的总体均值与真值之间的差别，是由测量过程中某些恒定因素造成的。在一定的测量条件下，系统误差会重复出现，即误差的正负和大小在多次重复测定中有固定的规律。因此，增加测定次数不能减小系统误差。从理论上讲，系统误差是可以测定的，若能找出原因，并设法加以校正，就可消除系统误差。

②偶然误差也称随机误差或不可测误差，是由测定过程中偶然因素的共同作用所造成的。偶然误差的大小和正负是不固定的，但在多次测量的数据中，偶然误差符合正态分布。

③过失误差也称粗差。这类误差明显歪曲测量结果，是由测量过程中不应有的错误造成的，如加错试剂、试样损失、仪器出现异常、读数错误等。过失误差一经发现，必

须及时重做。为消除过失误差,分析人员应该具有认真细致、对工作负责的良好素质,不断提高理论及操作水平。

(3)偏差。在实际工作中,并不知道样品中待测组分的真实值,无法衡量测定结果的准确度,对环境样品要进行多次平行分析,用其算术平均值来代表该样品的测定结果,每次测定值与平均值之差称为偏差。偏差衡量测定结果的精密度。

2. 误差和偏差的表示方法

环境监测中常用的误差、偏差及极差的有关定义及计算公式如下。

(1)绝对误差(E)。绝对误差是测量值(X)(单一测量值或多次测量的平均值)与真实值(μ)之差。

$$E = X - \mu \tag{1-2}$$

绝对误差为正,表示测量值大于真实值;绝对误差为负,表示测量值小于真实值。

(2)相对误差(R_E)。相对误差是绝对误差与真实值之比(常用百分数表示)。

$$R_E = \frac{E}{\mu} \times 100\% = \frac{X - \mu}{\mu} \times 100\% \tag{1-3}$$

(3)绝对偏差 d_i。绝对偏差是某测量值(X_i)与多次测量均值($\overline{X}$)之差。

$$d_i = X_i - \overline{X} \tag{1-4}$$

(4)相对偏差(R_{d_i})。相对偏差是绝对偏差与测定平均值之比(常用百分数表示)。

$$R_{d_i} = \frac{d_i}{\overline{X}} \times 100\% = \frac{X_i - \overline{X}}{\overline{X}} \times 100\% \tag{1-5}$$

(5)平均偏差($\overline{d}$)。平均偏差是单次测量偏差的绝对值的平均值。

$$\overline{d} = \frac{\sum_{i}^{n} |d_i|}{n} = \frac{|d_1| + |d_2| + \cdots + |d_n|}{n} \tag{1-6}$$

(6)相对平均偏差($R_{\overline{d}}$)。相对平均偏差是平均偏差与测量平均值之比(常用百分数表示)。

$$R_{\overline{d}} = \frac{\overline{d}}{\overline{X}} \times 100\% \tag{1-7}$$

(7)差方和(S 或 SD)、方差及标准偏差。

① 差方和是指绝对偏差的平方之和。

$$S = \sum_{i=1}^{n}(X_i - \overline{X})^2 = \sum_{i=1}^{n} d_i^2 \tag{1-8}$$

② 方差可分为样本方差和总体方差。

样本方差用 V 表示,计算公式如下:

$$V = \frac{\sum_{i=1}^{n}(X_i - \overline{X})^2}{n-1} = \frac{1}{n-1} S \tag{1-9}$$

总体方差用 δ^2 表示,计算公式如下:

$$\delta^2 = \frac{1}{N}\sum_{i=1}^{N}(X_i - \mu)^2 \tag{1-10}$$

式中　N——总体容量(无限次多次测量,一般最少应大于 20 次);

　　　μ——总体平均值。

③标准偏差可分为样本标准偏差和总体标准偏差。

样本标准偏差用 s 表示,计算公式如下:

$$s = \sqrt{\frac{1}{n-1}\sum_{i=1}^{n}(X_i - \overline{X})^2} = \sqrt{\frac{1}{n-1}S} = \sqrt{V} \tag{1-11}$$

总体标准偏差用 δ 表示,计算公式如下:

$$\delta = \sqrt{\delta^2}$$

$$= \sqrt{\frac{1}{N}\sum_{i=1}^{N}(X_i - \mu)^2} \tag{1-12}$$

(8)相对标准偏差。相对标准偏差又称为变异系数,是样本标准偏差在样本均值中所占的百分数,用 C_V 表示,计算公式如下:

$$C_V = \frac{s}{\overline{X}} \times 100\% \tag{1-13}$$

(9)极差(R)。极差是指一组测量值中最大值(x_{max})与最小值(x_{min})之差,也称全距或范围误差,来说明数据的范围和伸展情况。极差的表示式如下:

$$R = x_{max} - x_{min} \tag{1-14}$$

(三)有效数据和常用的统计检验

1. 有效数据与修约规则

(1)有效数字。所谓有效数字就是实际上能够测到的数字。它一般由可靠数字和可疑数字两部分组成。在反复测量一个量时,其结果总是有几位数字固定不变,为可靠数字。可靠数字后面出现的数字,在各次单一测定中常常是不同的、可变的。这些数字欠准确,为可疑数字。

有效数字位数的确定方法:从可疑数字算起,到该数的左起第一个非零数字的数字个数称为有效数字的位数。

例如:用分析天平称取试样 0.401 0 g,它有四位有效数字,其中前面三位为可靠数字,最末一位数字是可疑数字,且最末一位数字有 ± 1 的误差,即该样品的质量在 (0.401 0 $\pm$ 0.000 1)g 之间。

(2)有效数字的修约规则。在数据记录和处理过程中,往往遇到一些精密度不同或位数较多的数据。由于测量中的误差会传递到结果,为不引起错误,且使计算简化,可按修约规则对数据进行保留和修约。在修约规则中,对整个数据一次修约,6 入 4 舍 5 看后,5 后有数应进 1,5 后为 0 前保偶。如将下列测量值修约为只保留一位小数:14.342 6、14.263 1、14.250 1、14.250 0、14.050 0、14.150 0,修约后分别为 14.3、14.3、14.3、14.2、14.0、14.2。

2. 可疑数据的取舍

由于偶然误差的存在，实际测定的数据总是有一定的离散性。其中偏离较大的数据可能是由未发现原因的过失误差所引起的，需要对这类可疑数据进行检验，然后决定取舍。

常用的检验方法有"$4d$"检验法、Q值检验法、Dixon检验法和Grubbs检验法等。

(1) "$4d$"检验法。"$4d$"检验法是较早采用的一种检验可疑数据的方法，可用于试验过程中对测定数据可疑值的估测。检验步骤如下：

①一组测定数据求可疑数据以外的其余数据的平均值($\overline{X}$)和平均偏差($\overline{d}$)；

②计算可疑数据(X_i)与平均值($\overline{X}$)之差的绝对值；

③判断：若 $X_i - \overline{X} > 4\overline{d}$，则 X_i 应舍弃，否则保留。

使用"$4d$"检验法检验可疑数据简单、易行，但该法不够严格，存在较大的误差，只能用于处理一些要求不高的试验数据。

(2) Q值检验法。Q值检验法检验步骤如下：

①排序：将测定值由小到大顺序排列，X_1，X_2，X_3，…，X_n，其中 X_1 或 X_n 为可疑值；

②计算 Q 值：计算可疑值与相邻值的差值，再除以极差，得统计值 Q；

最小值 X_1 或最大值 X_n 为可疑值时，分别用：

$$Q = \frac{X_2 - X_1}{X_n - X_1} \text{ 或 } Q = \frac{X_n - X_{n-1}}{X_n - X_1} \tag{1-15}$$

③判断：根据测定次数 n 和要求的置信度(如 90%、95%)查 Q 值(表1-1)。若 $Q \geqslant Q_{0.90}$ 或 $Q_{0.95}$，则舍弃可疑值，否则保留。

表1-1　Q值

n	3	4	5	6	7	8	9	10
$Q_{0.90}$	0.94	0.76	0.64	0.56	0.51	0.47	0.44	0.41
$Q_{0.95}$	1.53	1.05	0.86	0.76	0.69	0.64	0.60	0.58

(3) Dixon检验法。Dixon检验法对 Q 值检验法进行了进一步改进，这种方法目前广泛使用。这种检验法与 Q 值检验法的主要区别在于，按不同的测定次数范围，采用不同的统计量计算公式，因此比较严密，检验方法如下：

①排序：将测定值由小到大顺序排列，X_1，X_2，…，X_n，其中 X_1 或 X_n 为可疑值。

②计算 Q 值：按表1-2所列测定公式计算统计量 Q 值。

表1-2　Dixon检验统计量 Q 计算公式

N值范围	最小值 X_1 为可疑值	最大值 X_n 为可疑值
3～7	$Q = \dfrac{X_2 - X_1}{X_n - X_1}$	$Q = \dfrac{X_n - X_{n-1}}{X_n - X_1}$
8～10	$Q = \dfrac{X_2 - X_1}{X_{n-1} - X_1}$	$Q = \dfrac{X_n - X_{n-1}}{X_n - X_2}$

续表

N 值范围	最小值 X_1 为可疑值	最大值 X_n 为可疑值
11~13	$Q=\dfrac{X_3-X_1}{X_{n-1}-X_1}$	$Q=\dfrac{X_n-X_{n-2}}{X_n-X_2}$
14~25	$Q=\dfrac{X_3-X_1}{X_{n-2}-X_1}$	$Q=\dfrac{X_n-X_{n-2}}{X_n-X_3}$

③查临界值：根据给定的显著性水平(α)和样本容量(n)查得临界值。

Dixon 检验临界值(Q_α)见表 1-3。

表 1-3 Dixon 检验临界值(Q_α)

n	显著性水平(α)		n	显著性水平(α)	
	0.05	0.01		0.05	0.01
3	0.941	0.988	15	0.525	0.616
4	0.765	0.889	16	0.507	0.595
5	0.642	0.78	17	0.49	0.577
6	0.56	0.698	18	0.475	0.561
7	0.507	0.637	19	0.462	0.547
8	0.554	0.683	20	0.45	0.535
9	0.512	0.635	21	0.44	0.524
10	0.477	0.597	22	0.43	0.514
11	0.576	0.679	23	0.421	0.505
12	0.546	0.642	24	0.413	0.497
13	0.521	0.615	25	0.406	0.489
14	0.546	0.641	—	—	—

④判断：若 $Q \leqslant Q_{0.05}$，则可疑值为正常值；若 $Q_{0.05} < Q \leqslant Q_{0.01}$，则可疑值为偏离值；若 $Q > Q_{0.01}$，则可疑值为离群值。

【例 1-1】 一组测定值按从小到大顺序排列为 14.65，14.90，14.90，14.92，14.95，14.96，15.00，15.00，15.01，15.02，检验最小值 14.65 是否为离群值。

解：
$$Q=\frac{X_2-X_1}{X_{n-1}-X_1}=\frac{14.90-14.65}{15.01-14.65}=0.694$$

当 $n=10$，可疑值为 X_1 时，以 99% 置信界限(显著水平为 0.01)和测定次数 $n=10$ 查 Dixon 检验临界值表。

得
$$Q_{0.01}=0.597$$
$$Q=0.694>Q_{0.01}$$

14.65 为离群值，应舍弃。

(4)Grubbs 检验法。Grubbs 检验法适用于一组测定数据中有两个或两个以上可疑数据的情况，如果可疑数据都在同一侧，若 X_1 和 X_2 为可疑数据，应首先检验内侧的数据；若 X_2 为离群值，则 X_1 也应被舍去；若 X_2 应保留，再检验 X_1。在检验 X_2 时，平均值、标准偏差的计算中均不含 X_1，测定次数相应减 1。如果可疑值在平均值的两侧，若 X_1 和 X_n 可疑，应分别检验 X_1 和 X_n，以判断是否舍弃。

如果有一个数据弃去，则在检验另一可疑值时，测定次数应作少一次来处理，此时选择 99% 的置信度。

Grubbs 检验法检验步骤如下：

①排序：将测量数据按从小到大顺序排列，X_1，X_2，…，X_n。

②计算：计算测量数据的平均值($\overline{X}$)、标准偏差(s)及统计量(G)。

当 X_1 为可疑值时，

$$G = \frac{\overline{X} - X_1}{s} \tag{1-16}$$

当 X_n 为可疑值时：

$$G = \frac{X_n - \overline{X}}{s} \tag{1-17}$$

③判断：根据测定次数 n 和显著性水平查 Grubbs 检验临界值（表 1-4），若 $G > G_\alpha$ 则可疑值舍去，否则保留。

表 1-4　Grubbs 检验临界值

n	显著性水平(α)			
	0.05	0.025	0.01	0.005
3	1.153	1.155	1.155	1.115
4	1.163	1.481	1.492	1.496
5	1.672	1.715	1.749	1.764
6	1.822	1.887	1.944	1.973
7	1.938	2.02	2.097	2.139
8	2.032	2.126	2.221	2.174
9	2.11	2.215	2.322	2.387
10	2.176	2.29	2.41	2.482
11	2.234	2.315	2.485	2.564
12	2.285	2.412	2.05	2.636
13	2.331	2.462	2.607	2.699
14	2.371	2.507	2.659	2.755
15	2.409	2.549	2.705	2.806

续表

n	显著性水平(α)			
	0.05	0.025	0.01	0.005
16	2.143	2.585	2.747	2.852
17	2.475	2.62	2.785	2.894
18	2.504	2.651	2.821	2.932
19	2.532	2.581	2.854	2.968
20	2.557	2.709	2.884	3.001
21	2.58	2.733	2.912	3.031
22	2.603	2.758	2.939	3.06
23	2.624	2.781	2.963	3.087
24	2.644	2.802	2.987	3.112
25	2.663	2.822	3.009	3.135

Grubbs 检验法除用于检验一组测量值中的可疑数据外，也可用于检验多组测量值的平均值中的可疑值。

【例 1-2】 10 个实验室分析同一样品，各实验室 5 次测定的平均值从小到大的顺序为 4.41，4.49，4.50，4.51，4.64，4.75，4.81，4.95，5.01，5.39，检验 5.39 是否为离群值。

解：总体均值
$$\overline{\overline{X}} = \frac{1}{10}\sum_{i=1}^{10}\overline{X} = 4.746$$

标准偏差
$$s = \sqrt{\frac{1}{10-1}\sum_{i=1}^{10}(\overline{X}_i - \overline{\overline{X}})^2} = 0.305$$

统计量
$$G = \frac{\overline{X}_{max} - \overline{\overline{X}}}{s} = \frac{5.39 - 4.746}{0.305} = 2.11$$

给定显著性水平 $\alpha = 0.05$，$n = 10$，查得 G_α 为 2.176。
因为 $G < G_\alpha$，测定值 5.39 不是离群值，应给予保留。

(四)监测结果的数值表述

对一试样某一指标的测定，监测结果的数值表达方式一般有以下几种。

1. 算术平均值($\overline{X}$)

在克服系统误差之后，当测定次数足够多($n \to \infty$)时，其总体均值与真实值很接近。通常测定中，测定次数总是有限的，有限测定值的平均值只能近似真实值，算术平均值是代表集中趋势、表达监测结果最常用的形式。通常以算术平均值和标准偏差($\overline{X} \pm s$)或算术平均值和最大相对偏差或相对标准偏差表示。例如，土壤中含砷量 8 次测定结果平均值为 16 mg/kg，最大相对偏差为 4.2%，相对标准偏差为 5.1%。

2. 几何平均值(X_g)

若一组数据呈偏态分布，此时可用几何平均值来表示该组数据为

$$X_g = \sqrt[n]{X_1 \cdot X_2 \cdot X_3 \cdots X_n} = (X_1 \cdot X_2 \cdot X_3 \cdots X_n)^{\frac{1}{n}} \tag{1-18}$$

3. 中位数

测定数据按大小顺序排列的中间值，即中位数。若测定次数为偶数，中位数是中间两个数据的平均值。

中位数最大的优点是简便、直观，但只有在两端数据分布均匀时，中位数才能代表最佳值。当测定次数较少时，平均值与中位数不完全符合。

4. 平均值的置信区间（置信界限）

由统计学可以推导出有限次测定的平均值与总体平均值(μ)的关系为

$$\mu = \overline{X} \pm t \frac{s}{\sqrt{n}} \tag{1-19}$$

式中　s——标准偏差；
　　　n——测定次数；
　　　t——在选定的某一置信度下的概率系数。

在选定的置信水平下，可以期望真值在以测定平均值为中心的某一范围内出现，这个范围叫作平均值的置信区间（置信界限）。它说明了平均值和真实值之间的关系及平均值的可靠性。平均值不是真实值，但可以使真实值落在一定的区间内，并在一定范围内可靠。

各种置信水平和自由度下的 t 值见表 1-5。当自由度($f=n-1$)逐渐增大时，t 值随之减小。

表 1-5　t 值

自由度(f)	p（双侧概率）				
	0.200	0.100	0.050	0.020	0.010
1	3.078	6.312	12.706	31.82	63.66
2	1.89	2.92	4.3	6.96	9.92
3	1.64	2.35	3.18	4.54	5.84
4	1.53	2.13	2.78	3.75	4.6
5	1.84	2.02	2.57	3.37	4.03
6	1.44	1.94	2.45	3.14	3.71
7	1.41	1.89	2.37	3	3.5
8	1.4	1.86	2.31	2.9	3.36

续表

自由度(f)	p(双侧概率)				
	0.200	0.100	0.050	0.020	0.010
9	1.38	1.83	2.26	2.82	3.25
10	1.37	1.81	2.23	2.76	3.17
11	1.36	1.8	2.2	2.72	3.11
12	1.36	1.78	2.18	2.68	3.05
13	1.35	1.77	2.16	2.65	3.01
14	1.35	1.76	2.14	2.62	2.98
15	1.34	1.75	2.13	2.6	2.95
16	1.34	1.75	2.12	2.58	2.92
17	1.33	1.74	2.11	2.57	2.9
18	1.33	1.73	2.1	2.55	2.88
19	1.33	1.73	2.09	2.54	2.86
20	1.33	1.72	2.09	2.53	2.85
21	1.32	1.72	2.08	2.52	2.83
22	1.32	1.72	2.07	2.51	2.82
23	1.32	1.71	2.07	2.5	2.81
24	1.32	1.71	2.06	2.49	2.8
25	1.32	1.71	2.06	2.49	2.79
26	1.31	1.71	2.06	2.48	2.78
27	1.31	1.7	2.05	2.47	2.77
28	1.31	1.7	2.05	2.47	2.76
29	1.31	1.7	2.05	2.46	2.76
30	1.31	1.7	2.04	2.46	2.75
40	1.3	1.68	2.02	2.42	2.7
60	1.3	1.67	2	2.39	2.66
120	1.29	1.66	1.98	2.36	2.62
∞	1.28	1.64	1.96	2.33	2.58

平均值的置信界限取决于标准偏差 s、测定次数 n 及置信度。测定的精密度越高(s 越

小），次数越多（n 越大），则置信界限 $\pm \dfrac{ts}{\sqrt{n}}$ 越小，即平均值越准确。

【例 1-3】 测定某废水中氰化物浓度得到下列数据：$n=4$，$\overline{X}=15.30$ mg/L，$s=0.10$ mg/L，求置信度分别为 90% 和 95% 时的置信区间。

解：$n=4$，则 $f=n-1=3$，查表置信度为 95% 时，$t=3.18$。

$$\mu = \overline{X} \pm \dfrac{ts}{\sqrt{n}} = 15.30 \pm \dfrac{3.18 \times 0.10}{\sqrt{4}} = 15.30 \pm 0.16 \text{（mg/L）}$$

说明废水中氰化物浓度四次测定的平均值为 15.30 mg/L，且有 95% 的可能，废水中氰化物的真实浓度为 15.14～15.46 mg/L。

当置信度为 90% 时，查表 $t=2.35$。

$$\mu = \overline{X} \pm \dfrac{ts}{\sqrt{n}} = 15.30 \pm \dfrac{2.35 \times 0.10}{\sqrt{4}} = 15.30 \pm 0.12 \text{（mg/L）}$$

说明真实浓度有 90% 的可能为 15.18～15.42 mg/L。

（五）监测数据的回归处理与相关分析

1. 用最小二乘法计算回归方程和相关系数

在环境监测分析中，常常需要用到工作曲线（或标准曲线）。例如，比色分析和原子吸收光度法中作吸光度与浓度关系的工作曲线。这些工作曲线通常都是一条直线。一般的做法是把实验点描在坐标纸上，横坐标表示被测物质的浓度，纵坐标表示测量仪表的读数（如吸光度），然后根据坐标纸上的这些试验点的走向，用直尺划出一条直线，即工作曲线，作为定量分析的依据。

但是，在实际工作中，试验点全部落在一条直线上的情况是少见的。当试验点比较分散时，凭直观感觉作图往往会带来主观误差，此时需借助回归处理，求出工作曲线方程。

(1) 直线回归方程。在简单的线性回归中，设 x 为已知的自变量（如标液中待测物质的含量），y 为试验中测得的因变量（如吸光度），两者的关系为

$$b = \overline{y} - a\overline{x} \tag{1-20}$$

式中　b——截距；

a——斜率（或称 y 对 x 的回归系数）。

根据最小二乘法原理，a 可由下式求得：

$$a = \dfrac{n\sum xy - \sum x \sum y}{n\sum x^2 - (\sum x)^2} \tag{1-21}$$

式中　n——测定次数；

$\overline{x}, \overline{y}$——分别为变量 x 和 y 的算术平均值。

求得 a、b 后即可获得最佳直线方程的工作曲线。

【例 1-4】 酚的标准系列测定结果见表 1-6，求曲线的 a、b。

表 1-6　分光光度法测定酚的数据

酚含量/mg(x)	0.000	0.005	0.010	0.020	0.030	0.040	0.050
吸光度 A_n	0.002	0.022	0.043	0.083	0.122	0.163	0.201
$A_n - A_0$ (y)	0.000	0.020	0.041	0.081	0.120	0.161	0.199

解：经计算将结果列入表 1-7。

表 1-7 回归分析计算表

n	x_i	y_i	x_i^2	$x_i y_i$
0	0	0	0	0
1	0.005	0.02	0.000 025	0.000 1
2	0.01	0.041	0.000 10	0.000 41
3	0.02	0.081	0.000 40	0.001 62
4	0.03	0.12	0.000 90	0.003 6
5	0.04	0.161	0.001 60	0.006 44
6	0.05	0.199	0.002 50	0.009 95
$\sum$	0.155	0.606	0.005 525	0.022 12

由

$$a = \frac{n\sum xy - \sum x \sum y}{n\sum x^2 - (\sum x)^2}$$

$$b = \bar{y} - a\bar{x}$$

故回归直线方程的表达式为

$$y = 3.988\,4x + 0.000\,5$$

(2)相关系数。采用回归处理是为了正确地绘制工作曲线，但在实际工作中，仅有此要求还是不够的，有时还需探索变量 x 与 y 之间有无线性关系及线性关系的密切程度如何。

相关系数(r)是用来表示两个变量(y 及 x)之间有无固有的数学关系及这种关系的密切程度如何的参数。相关系数可由下式求得：

$$r = \frac{\sum(x_i - \bar{x})(y_i - \bar{y})}{\sqrt{\sum(x_i - \bar{x})^2 \sum(y_i - \bar{y})^2}} \tag{1-22}$$

x 与 y 的相关关系有如下几种情况：

①若 x 增大，y 也相应增大，称为 x 与 y 呈正相关。此时有 $0 < r < 1$，若 $r = 1$，则称为完全正相关。监测分析中希望 r 值越接近 1 越好。

②若 x 增大，y 相应减少，称为 x 与 y 呈负相关。此时，$-1 < r < 0$，当 $r = -1$ 时，称为完全负相关。

③若 y 与 x 的变化无关，称为 x 与 y 不相关，此时 $r=0$。

对于环境监测工作中的标准曲线，应力求相关系数 $|r| \geqslant 0.999$，否则，应找出原因，加以纠正，并重新进行测定和绘制。

2. 用 Excel 作图功能绘制标准曲线

以表 1-6 分光光度法测定结果为例，用 Excel 作图功能绘制酚的标准曲线。其步骤如下：

(1) 在 Excel 工作表中按表 1-6 输入分光光度法对酚的标准色列测定结果。

(2) 选中表中 x 和 y 行数据，执行"插入"→"图表"→"散点图"后，工作表中出现以数据酚含量为横坐标 x 轴和 $A_n - A_0$ 为纵坐标 y 轴的散点图。

(3) 选中散点图中全部数据点，单击鼠标右键，在出现的命令选择框中点选"添加趋势线"命令，并在趋势线选项中点选"线性"和勾选"显示公式"和"显示 R 平方值"。散点图中即出现标准曲线的回归方程和 R^2，再将 R^2 值开平方根后即得相关系数（图 1-1）。

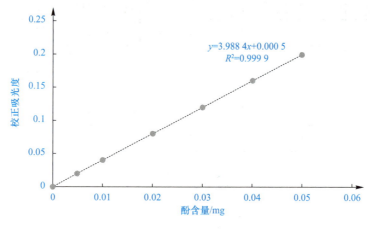

图 1-1 标准曲线示意

环境监测数据是国家和地方决策的依据，是环评的依据，也是环保督察、环保执法的依据，还能够为环境司法提供证据。环境监测的重要性不言而喻，可以说，环境监测数据是环保工作的"生命线"。

我国环境监测系统成立 40 多年来，经过长期发展和逐步完善，已基本做到组织机构网络化、监测分析技术体系化、监测能力建设标准化，大气、地表水环境质量监测数据总体客观真实，能够比较准确地反映环境质量现状，基本满足环境管理的需要。

但近年来受到以下因素干扰，数据真实性屡屡受到质疑：

一是由于受到体制、机制的制约，地方政府存在着"既当运动员又当裁判员"的现象，随着"气十条""水十条"的陆续发布，各地环保达标考核压力日益增大，一些地方为应对环境质量考核、排名等工作，行政干预的风险大大增加。

二是污染源自动监控设施及数据弄虚作假现象屡禁不止，一些企业采取非正常手段干预监测数据，导致生产或污染状况与事实不符，试图逃避环保部门的监管。

三是社会环境监测机构良莠不齐，机构内监测管理体系未建立或不尽完善，且人员流动性较强，时有数据失真现象，甚至有部分社会环境监测机构受经济利益驱动或受利益相关方的干扰和暗示，杀价竞争，违规操作，伪造数据。

新环保法对篡改、伪造或指使篡改、伪造监测数据的行为提出了明确的惩处规定，首次将数据的质量问题上升到法律层面，具有更高的约束力。为明确监测数据造假情形认定，有力贯彻落实《中华人民共和国环境保护法》，国家生态环境部组织制定了《环境监测数据弄虚作假行为判定及处理办法》，2016年1月1日起实施。

请通过扫描二维码学习《环境监测数据弄虚作假行为判定及处理办法》并思考以下问题：

《环境监测数据弄虚作假行为判定及处理办法》

(1)你认为个别环境监测机构和企业出现环境监测数据弄虚作假行为的根源是什么？

(2)你觉得有哪些好的方法可以杜绝环境监测数据弄虚作假行为的发生？

四、实验室基础

(一)试验用水

水是最常用的溶剂，配制试剂、标准物质、洗涤均需大量使用。它对分析质量有着广泛和根本的影响，不同的用途需要不同质量的水。市售蒸馏水或去离子水必须经检验合格才能使用。实验室中应配备相应的提纯装置。

1. 蒸馏水

蒸馏水的质量因蒸馏器的材料与结构而异，水中常含有可溶性气体和挥发性物质。下面分别介绍几种不同蒸馏器及其所得蒸馏水的质量：

(1)金属蒸馏器。金属蒸馏器内壁为纯铜、黄铜、青铜，也有镀纯锡的。用这种蒸馏器所获得的蒸馏水含有微量金属杂质，如含 Cu^{2+} 为 10~200 mg/L，电阻率小于 0.1 MΩ·cm（25 ℃），只适用于清洗容器和配制一般试液。

(2)玻璃蒸馏器。玻璃蒸馏器由含低碱高硅硼酸盐的"硬质玻璃"制成，二氧化硅约占 80%。经蒸馏所得的水中含有痕量金属，如每升含 5 μg 的 Cu^{2+}，还可能有微量玻璃溶出物，如硼、砷等。其电阻率约为 0.5 MΩ·cm。其适用于配制一般定量分析试液，不宜用于配制分析重金属或痕量非金属试液。

(3)石英蒸馏器。石英蒸馏器含二氧化硅 99.9%以上，所得蒸馏水仅含痕量金属杂质，不含玻璃溶出物。电阻率为 2~3 MΩ·cm。其特别适用于配制对痕量非金属进行分析的试液。

(4)亚沸蒸馏器。亚沸蒸馏器是由石英制成的自动补液蒸馏装置。它的热源功率很小，使水在沸点以下缓慢蒸发，故不存在雾滴污染问题。所得蒸馏水几乎不含金属杂质（超痕量）。其适用于配制除可溶性气体和挥发性物质以外的各种物质的痕量分析用试液。亚沸蒸馏器通常作为最终的纯水器与其他纯水装置(如离子交换纯水器等)联用，所得纯水的电阻率为 16 MΩ·cm 以上。但应注意保存，一旦接触空气，在不到 5 min 内可迅速降至 2 MΩ·cm。

2. 去离子水

去离子水是用阳离子交换树脂和阴离子交换树脂以一定形式组合进行水处理,去离子水含金属杂质极少,适用于配制痕量金属分析用的试液,因它含有微量树脂浸出物和树脂崩解微粒,所以不适用于配制有机分析试液。通常用自来水作为原水时,由于自来水含有一定的余氯,能氧化破坏树脂使之很难再生,因此进入交换器前必须充分曝气。自然曝气夏季约需一天,冬季需三天以上,如需要急用可煮沸、搅拌、充气,并冷却后使用。湖水、河水和塘水作为原水应仿照自来水先做沉淀、过滤等净化处理。含有大量矿物质,硬度很高的井水应先经蒸馏或电渗析等步骤去除大量无机盐,以延长树脂使用周期。

3. 特殊要求的纯水

在分析某些指标时,分析过程中所用的纯水中这些指标的含量应越低越好,这就需要用到能够满足某些特殊要求的纯水及制取方法。

(1)无氯水。加入亚硫酸钠等还原剂将水中余氯还原为氯离子,以联邻甲苯检查不显黄色,用附有缓冲球的全玻璃蒸馏器进行蒸馏制得。

(2)无氨水。加入硫酸至pH值<2,使水中各种形态的氨或胺均转变成不挥发的盐类,收集馏出液即得,但应注意避免实验室空气中存在的氨重新污染。

(3)无二氧化碳水。

①煮沸法:将蒸馏水或去离子水煮沸至少10 min(水多时),或使水量蒸发10%以上(水少时),加盖放冷即得。

②曝气法:用惰性气体或纯氮气通入蒸馏水或去离子水至饱和即得。

制得的无二氧化碳水应贮于一个附有碱石灰管的用橡皮塞盖严的瓶中。

(4)无铅(重金属)水。用氢型强酸性阳离子交换树脂处理原水即得。所用贮水器事先应用6 mol/L硝酸溶液浸泡过夜,再用无铅水洗净。

(5)无砷水。一般蒸馏水和去离子水均能达到基本无砷的要求。应避免使用软质玻璃制成的蒸馏器、贮水瓶和树脂管。进行痕量砷分析时,必须使用石英蒸馏器、石英贮水瓶、聚乙烯的树脂管。

(6)无酚水。

①加碱蒸馏法:加氢氧化钠至水的pH值>11,使水中的酚生成不挥发的酚钠后蒸馏即得;也可同时加入少量高锰酸钾溶液至水呈深红色后进行蒸馏。

②活性炭吸附法:将粒状活性炭在150 ℃~170 ℃烘烤2 h以上进行活化,放在干燥器内冷至室温。装入预先盛有少量水(避免炭粒间存留气泡)的层析柱中,使蒸馏水或去离子水缓慢通过柱床。其流速视柱容大小而定,一般每分钟以不超过100 mL为宜。开始流出的水(略多于装柱时预先加入的水量)需再次返回柱中,然后正式收集。此柱所能净化的水量,一般约为所用炭粒表观容积的1 000倍。

(7)不含有机物的蒸馏水。加入少量高锰酸钾碱性溶液,使水呈紫红色,进行蒸馏即得。若蒸馏过程中红色褪去应补加高锰酸钾。

(二)试验用气

监测实验室经常使用压缩或液化气体,如氮气、氧气、乙炔气、二氧化碳、液化石油气等，若使用不当或在受热等条件下，易发生爆炸，因此应妥善管理，安全使用。

1. 压缩气体、液化气体的特性及分类

贮于钢瓶内的气体有的呈液态，有的呈气态；钢瓶内气体性质各异，其中部分具有易燃、易爆、助燃或剧毒的特性。由于贮气钢瓶内压力较高，在撞击、日照、热源烘烤等条件下易发生爆炸。氧气瓶严禁与油脂接触，以防起火或爆炸，可用四氯化碳擦去钢瓶上的油脂。氯、乙炔等气体比空气重，泄漏后往往沉积于地面低洼处，不易扩散，增加了危险性。了解压缩气体、液化气体的特性，有助于安全用气。压缩气体、液化气体按其性质可分为以下四类：

（1）剧毒气体，如一氧化碳、二氧化硫等。这类气体毒性极强，吸入后可引起中毒或死亡。部分剧毒气体同时具有可燃性。

（2）易燃气体，如氢、一氧化碳、乙炔等。这类气体易燃烧，与空气混合可形成爆炸性混合物。部分易燃气体同时具有毒性。

（3）助燃气体，如氧、压缩空气等。

（4）不燃气体，如氩、氮、二氧化碳等。不燃气体中有些为窒息性气体。

2. 高压气瓶的安全使用和管理

高压气瓶在使用和管理中应注意以下问题：

（1）高压气瓶应存放在防火仓库中，氧气钢瓶与可燃性气体钢瓶不得存放在一起。钢瓶应避免日照、受热，远离明火，室温应低于35 ℃并有必要的通风设施。放置要平稳，避免振动，运输时不应在地面上滚动。

（2）使用中，高压气瓶应固定牢靠，减压器应专用。安装时要紧固螺口，并检查是否漏气，严禁敲击阀门。

（3）为防止气流直冲人体，开启高压气瓶时应站在接口的侧面操作。

（4）瓶内气体不得用尽。永久性气体气瓶的残压不得小于0.05 MPa，液化气体瓶内余气应大于规定充装量的0.5％～1.0％。

（5）气瓶应定期检验。

（6）在可能造成回流的情况下，所用设备必须配置防止倒灌的装置，如单向阀、逆止阀、缓冲罐等。

（7）不得对载气钢瓶进行挖补修焊。

（8）不同类型的气体钢瓶其外表所漆颜色、标记颜色等应符合国家统一规定。

监测实验室常见钢瓶的标记见表1-8。

表1-8　监测实验室常见钢瓶的标记

气体钢瓶名称	外表颜色	字样颜色	色环	字样	工作压力/Pa	性质	钢瓶内气体状态
氧气	天蓝	黑	$P=1.520\times10^7$ Pa 无环 $P=2.026\times10^7$ Pa 白一环 $P=3.040\times10^7$ Pa 白二环	氧	1.471×10^7	助燃	压缩气体

续表

气体钢瓶名称	外表颜色	字样颜色	色环	字样	工作压力/Pa	性质	钢瓶内气体状态
压缩空气	黑	白	$P=1.520\times10^7$ Pa 无环 $P=2.026\times10^7$ Pa 白一环 $P=3.040\times10^7$ Pa 白二环	压缩空气	1.471×10^7	助燃	压缩气体
氯气	草绿	白	白色环	氯	1.961×10^6	助燃	液态
氢气	深绿	红	$P=1.520\times10^7$ Pa 无环 $P=2.026\times10^7$ Pa 红 $P=3.040\times10^7$ Pa 红	氢	1.471×10^7	易燃	压缩气体
氨气	黄	黑	—	氨	2.942×10^6	可燃	液态
乙炔	白	红	—	乙炔	2.942×10^6	可燃	乙炔溶解在活性丙酮中
石油液化气	灰	红	—	石油液化气	1.569×10^6	易燃	液态
硫化氢	白	红	红色环	硫化氢	2.942×10^6	可燃	液态
氮气	黑	黄	$P=1.520\times10^7$ Pa 无环 $P=2.026\times10^7$ Pa 棕一环 $P=3.040\times10^7$ Pa 棕二环	氮气	1.471×10^7	不可燃	压缩气体
二氧化碳	黑	黄	$P=1.520\times10^7$ Pa 无环 $P=2.026\times10^7$ Pa 黑一环	二氧化碳	1.226×10^7	不可燃	液态
氩气	灰	绿	—		1.471×10^7	不可燃	压缩气体
氦气	棕	白	$P=1.520\times10^7$ Pa 无环 $P=2.126\times10^7$ Pa 白一环 $P=3.040\times10^7$ Pa 白二环	氦	1.471×10^7	不可燃	压缩气体
二氧化硫	黑	白	黄	二氧化硫	1.961×10^6	不可燃	液态

(三)试剂与试液

实验室中所用试剂、试液应根据实际需要,合理选用相应规格,按规定浓度和需要量正确配制。试剂和配好的试液需要按要求妥善保存,注意空气、温度、光、杂质等的影响。另外要注意保存时间,一般情况下浓溶液稳定性较好,稀溶液稳定性差。通常较稳定的试剂,其1×10^{-3} mol/L 的溶液可贮存一个月以上,1×10^{-4} mol/L 的溶液只能贮存一周,而1×10^{-5} mol/L 的溶液需当日配制,故许多试液常配制成浓的贮存液,临用时稀释成所需浓度。配制溶液均需注明配制日期和配制人员,以备查核追溯。由于各种原因,有时需对试剂进行提纯和精制,以保证分析质量。

一般化学试剂分为三级,其规格见表1-9。

表 1-9 化学试剂的规格

级别	名称	代号	标志颜色
一级品	保证试剂、优级纯	GR	绿
二级品	分析试剂、分析纯	AR	红
三级品	化学纯	CP	蓝

一级试剂用于精密的分析工作,在环境分析中用于配制标准溶液;二级试剂常用于配制定量分析中的普通试液,如无注明环境监测所用试剂均应为二级或二级以上;三级试剂只能用于配制半定量、定性分析用试液和清洁液等。

质量高于一级品的高纯试剂(超纯试剂)目前国际上也没有统一的规格,常以"9"的数目表示产品的纯度。在规格栏中标以 4 个 9、5 个 9、6 个 9 等。

4 个 9 表示纯度为 99.99%,杂质总含量不大于 1×10^{-2}%。

5 个 9 表示纯度为 99.999%,杂质总含量不大于 1×10^{-3}%。

6 个 9 表示纯度为 99.9999%,杂质总含量不大于 1×10^{-4}%,以此类推。

其他表示方法:高纯物质(EP);基准试剂;pH 基准缓冲物质;色谱纯试剂(GC);试验试剂(LR);指示剂(Ind);生化试剂(BR);生物染色剂(BS)和特殊专用试剂等。

(四)实验室的环境条件

实验室空气中如含有固体、液体的气溶胶和污染气体,对痕量分析和超痕量分析会导致较大误差。因此,痕量和超痕量分析及某些高灵敏度的仪器应在超净实验室中进行或使用。超净实验室中空气清洁度常采用 100 号。空气清洁度是根据悬浮固体颗粒的大小和数量多少分类的。空气清洁度分类见表 1-10。

表 1-10 空气清洁度分类

清洁度分类	工作面上最大污染颗粒数/(颗粒·m^{-2})	颗粒直径/μm	清洁度分类	工作面上最大污染颗粒数/(颗粒·m^{-2})	颗粒直径/μm
100	100	≥0.5	100 000	100 000	≥0.5
	0	≥5.0		700	≥5.0
10 000	10 000	≥0.5		—	—
	65	≥5.0			

要达到清洁度为 100 号标准,空气进口必须采用高效过滤器过滤。高效过滤器效率为 85%~95%。对直径 0.5~5.0 μm 颗粒的过滤效率为 85%;对直径大于 50 μm 颗粒的过滤效率为 95%。超净实验室一般较小,约为 12 m²,并有缓冲室,四壁涂环氧树脂油漆,桌面用聚四氟乙烯或聚乙烯膜,地板用整块塑料地板,门窗密闭,采用空调,室内略带正压,通风柜用层流。

学习小结

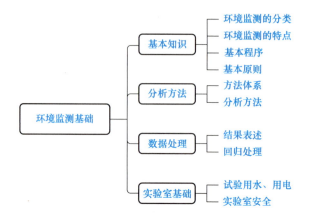

拓展知识

实验室的管理及岗位责任制度

监测质量的保证是以一系列完善的管理制度为基础的。严格执行科学的管理制度是评定一个实验室的重要依据。

1. 对监测分析人员的要求

(1)环境监测分析人员应具有相当于中专以上的文化水平,经培训、考试合格,方能承担监测分析工作。

(2)熟练地掌握本岗位的监测分析技术,对承担的监测项目要做到理解原理、操作正确、严守规程、准确无误。

(3)接受新项目前,应在测试工作中达到规定的各种质量控制试验要求,才能进行项目的监测。

(4)认真做好分析测试前的各项技术准备工作。试验用水、试剂、标准溶液、器皿、仪器等均应符合要求,方能进行分析测试。

(5)负责填报监测分析结果,做到书写清晰、记录完整、校对严格、实事求是。

(6)及时地完成分析测试后的实验室清理工作,做到现场环境整洁,工作交接清楚,做好安全检查。

(7)树立高尚的科研和试验道德,热爱本职工作,钻研科学技术,培养科学作风,谦虚谨慎,遵守劳动纪律,搞好团结协作。

2. 对监测质量保证人员的要求

环境监测单位要有质量保证归口管辖部门或指定专人(专职或兼职)负责监测质量保证工作。监测质量保证人员应熟悉质量保证的内容、程序和方法,了解监测环节中的技术关键,具有有关的数理统计知识,协助监测单位的技术负责人员进行以下各项工作:

(1)负责监督和检查环境监测质量,保证各项内容的实施情况。

(2)按隶属关系定期组织实验室内及实验室间分析质量控制工作,向上级单位报告质量保证工作执行情况,并接受上级单位的有关工作部署,安排组织实施。

(3)组织有关的技术培训和技术交流,帮助解决单位有关质量保证方面的技术问题。

3. 实验室安全制度

(1)在实验室内需设各种必备的安全设施(通风橱、防尘罩、排气管道及消防灭火器材等),并应定期检查,保证随时可供使用。使用电、气、水、火时,应按有关使用规则进行操作,保证安全。

(2)实验室内各种仪器、器皿应有规定的放置处所,不得任意堆放。以免错拿错用,造成事故。

(3)进入实验室应严格遵守实验室规章制度,尤其是使用易燃、易爆和剧毒试剂时,必须遵照有关规定进行操作。实验室内不得吸烟、会客、喧哗、吃零食或私用电器等。

(4)下班时要有专人负责检查实验室的门、窗、水、电、煤气等,保证切实关好,不得疏忽大意。

(5)实验室的消防器材应定期检查,妥善保管,不得随意挪用。一旦实验室发生意外事故,应迅速切断电源、火源,立即采取有效措施,及时处理。

4. 药品使用管理制度

(1)实验室使用的化学试剂应有专人负责发放管理,分类存放,定期检查使用和管理情况。

(2)易燃、易爆物品应存放在阴凉通风的地方,并有相应安全保障措施。易燃、易爆试剂要随用随领,不得在实验室内大量积存。保存在实验室内的少量易燃物品和危险物品应严格控制、加强管理。

(3)剧毒试剂应有专人负责管理,加双锁存放,批准使用时两人共同称量,登记用量。

(4)取用化学试剂的器皿(如药匙、量杯等)必须分开,每种试剂用一件器皿。至少洗净后再用,不得混用。

(5)使用氰化物时,切实注意安全,不在酸性条件下使用,并严防溅洒造成污染。

(6)使用有机溶剂和挥发性强的试剂的操作应在通风良好的地方或在通风橱内进行,任何情况下,都不允许用明火直接加热有机溶剂。

(7)稀释浓酸试剂时,应按规定要求操作和贮存。

5. 仪器使用管理制度

(1)各种精密贵重仪器及贵重器皿(如铂器皿和玛瑙研钵等)要有专人管理,分别登记造册、建卡立档。仪器档案应包括仪器说明书,验收和调试记录,仪器的各种初始参数,定期保养维修、校准及使用情况的登记记录等。

(2)精密仪器的安装、调试、使用和保养维修均应严格按照仪器说明书的要求进行,上机人员应该考核,考核合格方可上机操作。

(3)使用仪器前应先检查仪器是否正常,仪器发生故障时,应立即查清原因,排除故障后方可继续使用,严禁仪器带病运转。

(4)仪器用完之后,应将各部件恢复到所要求的位置,及时做好清理工作,盖好防尘罩。

(5)仪器的附属设备应妥善安放,并经常进行安全检查。

6. 样品管理制度

(1)由于环境样品的特殊性,要求样品的采集、运送和保存等各环节都必须严格遵守有关规定,以保证其真实性和代表性。

(2)对工作人员的要求:监测单位的技术负责人应和采样人员、测试人员共同议定详细的工作计划,周密地安排采样和实验室测试间的衔接、协调,以保证自采样开始至结果报出的全过程中,样品都具有合格的代表性。

(3)样品容器的处理:样品容器除一般情况外的特殊处理,应由实验室负责进行。对于需在现场进行处理的样品,应注明处理方法和注意事项,所需试剂和仪器要准备好,同时提供给采样人员,对采样有特殊要求时,应该对采样人员进行培训。

(4)样品的登记、验收和保存要按以下规定执行:①采好的样品应及时贴好样品标签,填写采样记录表。将样品连同样品登记表、送样单在规定的时间内送交指定的实验室。填写样品标签和采样记录要使用防水笔,严寒季节可用铅笔填写。②如需对采集的样品进行分装,分样的容器应和样品容器材质相同,并填写同样的样品标签,注明"分样"字样。同时对"空白"和"副样"也都要分别注明。③实验室应有专人负责样品的登记、验收。登记和验收内容:样品名称和编号;样品采集点的详细地址和现场特征;样品的采集方式;监测分析项目;样品保存所用的保存剂的名称、浓度和用量;样品的包装、保管状况;采样日期和时间;采样人、送样人及登记验收人签名。④样品在验收过程中,如发现编号错乱、标签缺损、字迹不清、监测项目不明、规格不符、数量不足及采样不符合要求者,可拒收并建议补采样品。⑤样品应按规定方法妥善保存,并在规定时间内安排测试,不得无故拖延。⑥采样记录、样品登记表、送样单和现场测试的原始记录应完整、齐全、清晰,并与实验室测试记录汇总保存。

学习自测

1. 滴定管的一次读数误差是 ± 0.01 mL,如果滴定时用去标准溶液 2.50 mL,则相对误差为多少?如果滴定时用去标准溶液为 25.10 mL,相对误差又为多少?分析两次测定的相对误差,能够说明什么问题?

2. 有一组测量数值从小到大顺序排列为 14.65、14.90、14.90、14.92、14.95、14.96、15.00、15.01、15.01、15.02,若置信度为 95%,试检验最小值和最大值是否为离群值?

3. 实验室安全无小事,稍有不慎和疏忽,就会造成生命财产的重大损失。请查找 1~2 例国内外典型实验室事故,并分析事故发生的原因和教训。

项目二 水质监测

知识目标

1. 掌握地面水、废水监测方案制定；
2. 掌握水样的采集、保存和预处理方法；
3. 掌握水样主要常规项目的测定方法。

技能目标

1. 能开展环境污染源调查工作；
2. 能规范制定水质监测方案；
3. 能正确开展常规水质监测项目的采样、分析测定；
4. 能正确进行监测数据的处理，出具监测报告。

素质目标

1. 具有良好的协作精神及严谨的工作作风；
2. 具备良好的沟通能力、文字及口头表达能力；
3. 具有良好的职业素养。

任务一 制定水质监测方案

任务导入

监测方案是一项监测任务的总体构思和设计，制定时必须首先明确监测目的，然后在调查研究的基础上确定监测对象、设计监测网点，合理安排采样时间和采样频率，选定采样方法和分析测定技术，提出监测报告要求，制定质量保证程序、措施和方案的实施计划等。

本任务以校园内景观湖（图 2-1）为监测对象，以小组为单位，开展现场调查和资料收集，分析确定水体监测的布点及各环境污染因子的采样与分析方法、数据处理等。出具包括项目概况、监测依据、采样点位、监测因子、分析方法、采样时间和频率、监测质量控制与质量保证等内容的完整监测方案。

图 2-1 校园内景观湖

知识学习

一、水体污染与监测指标

(一)水体与水体污染

水体是指河流、湖泊、沼泽、地下水、冰川、海洋等地表和地下贮水体的总称。从自然地理角度来看，水体是指地表和地下水覆盖地段的自然综合体，在这个综合体中，不仅有水，还包括水中的悬浮物及底泥、水生生物等。水体可以按类型区分，也可以按区域区分。按类型区分时，地表贮水体可分为海洋水体和陆地水体。其中，陆地水体又可分为地表水体和地下水体。按区域划分的水体是指某一具体的被水覆盖的地段，如太湖、洞庭湖、鄱阳湖是三个不同的水体，但按陆地水体类型划分，它们同属于湖泊。又如长江、黄河、珠江，它们同为河流，而按区域划分，则分属于三个流域的三条水系。

水体污染是指排入水体的污染物在数量上超过了该物质在水体中的本底含量和水体的环境容量，从而导致水体的物理特征、化学特征和生物特征发生不良变化，破坏了水中固有的生态系统，破坏了水体的功能，从而影响水的有效利用和使用价值的现象。引起水体污染的物质叫作水体污染物。

水体污染分为两类，一类是自然污染；另一类是人为污染。自然污染主要是指自然的原因造成的污染，由于自然污染所产生的有害物质的含量一般称为自然"本底值"或"背景值"；人为污染即指人为因素造成的水体污染，人为污染是水体污染的主要原因。

(二)水体中主要污染物

水体污染物根据其性质的不同可分为化学性污染物、物理性污染物和生物性污染物三大类。

1. 化学性污染物

(1)无机无毒污染物。污水中的无机无毒物质大致可分为三种类型：一是砂粒、矿渣一类的颗粒状物质；二是酸碱和无机盐类；三是氮、磷等营养物质。

(2)无机有毒污染物。无机有毒污染物主要是重金属等有潜在长期不良影响的物质及氰化物等。

(3)有机无毒污染物(需氧有机污染物)。生活污水、牲畜污水及屠宰、肉类加工、罐头等食品工业、制革、造纸等工业废水中所含碳水化合物、蛋白质、脂肪等有机物可在微生物的作用下进行分解，在分解过程中，需要消耗氧气，故称为需氧有机物。

(4)有机有毒污染物。水体中有机有毒污染物的种类很多，大多属于人工合成的有机物质，如农药(DDT、六六六等有机氯农药)、醛、酮、酚，以及多氯联苯、多环芳烃、芳香族氨基化合物等。这类物质主要来源于石油化学工业的合成生产过程及有关的产品使用过程中排放的废水。

这类污染物大多比较稳定，不易被微生物降解，所以又称为难降解有机污染物。

2. 物理性污染物

(1)热污染。许多工厂排出的废水都有较高的温度，这些废水排入水体使其水温升高，引起水体的热污染。水体热污染主要来源于工矿企业向江河排放的冷却水。其中以电力工业为主，其次是冶金、化工、石油、建材、机械等工业，如一般以煤为燃料的大电站通常只有部分热能转变为电能，剩余的热能则随冷却水带走进入水体或大气。

(2)放射性污染。水中所含有的放射性核素构成一种特殊的污染，它们统称为放射性污染。核武器试验是全球放射性污染的主要来源，原子能工业特别是原子能电力工业的发展致使水体的放射性物质含量日益增高，铀矿开采、提炼、转化、浓缩过程均产生放射性废水和废物。

3. 生物性污染物

各种病菌、病毒等致病微生物、寄生虫等都属于生物性污染物，它们主要来自生活污水、医院污水、制革、屠宰及畜牧污水。

(三)水质指标

人们在利用水时，要求水必须符合一定的质量。由于水中含有各种成分，其含量不同时，水的物理性质(温度、色度、浑浊度等)、化学性质(pH值、电导率、硬度等)、生物组成(种类、数量、形态等)和底质情况也就不同，这种由水和水中所含的杂质共同表现出来的综合特性即为水质。描述水质质量的参数就是水质指标。水质指标数目繁多，因用途的不同而各异，根据杂质的性质不同可分为物理性水质指标、化学性水质指标和生物性水质指标三大类。

1. 物理性水质指标

(1)温度。氧气在水中的溶解度随水温的升高而减小，水温升高影响水生生物的生存和对水资源的利用。这样，一方面水中溶解氧减少；另一方面水温升高加速耗氧反应，最终导致水体缺氧或水质恶化。

(2)色度。色度是一项感官性指标。一般纯净的天然水是清澈透明的，即无色的。但带有金属化合物或有机化合物等有色污染物的污水呈各种颜色。

(3)嗅和味。嗅和味同色度一样也是感官性指标，可定性反映某种污染物的多寡。天然水是无嗅无味的。当水体受到污染后会产生异样的气味。水的异臭来源于还原性硫和氮的化合物、挥发性有机物和氯气等污染物质。不同盐分会给水带来不同的异味，如氯化钠带咸味、硫酸镁带苦味、硫酸钙略带甜味等。

(4)固体物质。水中所有残渣的总和称为总固体(TS)。总固体包括溶解物质(DS)和悬浮固体物质(SS)。水样经过过滤后，滤液蒸干所得的固体为溶解性固体(DS)，滤渣脱水烘干后是悬浮固体(SS)。固体残渣根据挥发性能可分为挥发性固体(VS)和固定性固体(FS)。将固体在600 ℃的温度下灼烧，挥发掉的量是挥发性固体(VS)，灼烧残渣则是固定性固体(FS)。溶解性固体表示盐类的含量，悬浮固体表示水中不溶解的固态物质的量，挥发性固体反映固体中有机成分的量。

2. 化学性水质指标

(1)有机物指标。生活污水和某些工业废水中所含的碳水化合物、蛋白质、脂肪等有机化合物在微生物作用下最终分解为简单的无机物质、二氧化碳和水等。这些有机物在分解过程中需要消耗大量的氧，故属耗氧污染物。耗氧有机污染物是使水体产生黑臭的主要原因之一。

污水的有机污染物的组成较复杂，现有技术难以分别测定各类有机物的含量，通常也没有必要。从水体有机污染物看，其主要危害是消耗水中溶解氧。在实际工作中，一般采用生物化学需氧量(BOD)、化学需氧量(COD)、总有机碳(TOC)、总需氧量(TOD)等指标来反映水中需氧有机物的含量。

①生物化学需氧量(BOD)是指在规定的条件下，微生物分解一定体积水中的某些可被氧化物质，特别是有机物质所消耗的溶解氧的数量。在BOD的测量中，通常规定使用20 ℃、5天的测试条件，并将结果以氧的mg/L表示，记为五日生化需氧量(BOD_5)。它是反映水中有机污染物含量的一个综合指标。

②化学需氧量(COD)是以化学方法测量水样中需要被氧化的还原性物质的量。水样在一定条件下，以氧化1 L水样中还原性物质所消耗的氧化剂的量为指标，折算成每升水样全部被氧化后，需要的氧的毫克数，以mg/L表示。它反映了水中受还原性物质污染的程度。该指标也作为有机物相对含量的综合指标之一。

③总有机碳(TOC)是指水体中溶解性和悬浮性有机物含碳的总量。水中有机物的种类很多，目前还不能全部进行分离鉴定，常以"TOC"表示。

④总需氧量(TOD)是指水中能被氧化的物质，主要是有机物质在燃烧中变成稳定的氧化物时所需要的氧量，结果以O_2的mg/L表示。

(2)无机物指标。

①植物营养元素。污水中的N、P为植物营养元素。从农作物生长角度看，植物营

养元素是宝贵的物质，但过多的 N、P 进入天然水体却易导致富营养化。水体中氮、磷含量的高低与水体富营养化程度有密切关系。

②pH 值。pH 值主要指示水样的酸碱性。

③重金属。重金属主要是指汞、镉、铅、铬、镍，以及类金属等生物毒性显著的元素，也包括具有一定毒害性的一般重金属，如锌、铜、钴、锡等。

3. 生物性水质指标

(1)细菌总数。水中细菌总数反映了水体受细菌污染的程度。细菌总数不能说明污染的来源，必须结合大肠菌群数来判断水体污染的来源和安全程度。

(2)粪大肠菌群。水是传播肠道疾病的一种重要媒介，而粪大肠菌群被视为最基本的粪便传染指示菌群。大肠菌群的值可表明水样被粪便污染的程度，间接表明有肠道病菌（伤寒、痢疾、霍乱等）存在的可能性。

(四)水质标准

由于水的用途不同，必须建立起相应的物理、化学、生物学的质量标准，对水中的杂质加以一定的限制，这就是水质的标准。水质标准包括水环境质量标准和排放标准。

1. 水环境质量标准

我国已颁布的水环境质量标准有《地表水环境质量标准》(GB 3838—2002)、《海水水质标准》(GB 3097—1997)、《渔业水质标准》(GB 11607—1989)、《农田灌溉水质标准》(GB 5084—2021)、《地下水质量标准》(GB/T 14848—2017)等。请通过扫描二维码学习《地表水环境质量标准》(GB 3838—2002)，并回答以下问题：

(1)标准适用范围。

(2)标准依据地表水水域环境功能和保护目标，水域功能和标准如何分类？

(3)以校园景观湖为例，说明湖水应执行几类水标准？

《地表水环境质量标准》
(GB 3838—2002)

2. 排放标准

我国现已颁布的排放标准包括污水综合排放标准和不同行业废水排放标准。

行业废水排放标准，如合成树脂工业执行《合成树脂工业污染物排放标准》(GB 31572—2015)，船舶执行《船舶水污染物排放控制标准》(GB 3552—2018)，纺织染整工业执行《纺织染整工业水污染物排放标准》(GB 4287—2012)，肉类加工工业执行《肉类加工工业水污染物排放标准》(GB 13457—1992)，合成氨工业执行《合成氨工业水污染物排放标准》(GB 13458—2013)，钢铁工业执行《钢铁工业水污染物排放标准》(GB 13456—2012)，航天推进剂使用执行《航天推进剂水污染物排放标准》(GB 14374—1993)，畜禽养殖业执行《畜禽养殖业污染物排放标准》(GB 18596—2001)，磷肥工业执行《磷肥工业水污染物排放标准》(GB 15580—2011)，烧碱、聚氯乙烯工业执行《烧碱、聚氯乙烯工业污染物排放标准》(GB 15581—2016)，石油炼制工业执行《石油炼制工业污染物排放标准》(GB 31570—2015)等。

按照国家综合排放标准与国家行业排放标准不交叉执行的原则，有行业标准的执行行业标准，其他水污染物排放均执行污水综合排放标准。请通过扫描二维码学习《污水综合排放标准》(GB 8978—1996)，并回答以下问题：

(1)标准适用范围。

(2)标准分级。

(3)第一类污染物和第二类污染物的采样位置。

(4)建设(包括改、扩建)单位的建设时间如何确定？

《污水综合排放标准》
(GB 8978—1996)

二、布点方法

(一)河流监测断面和采样点设置

1. 监测断面的设置原则

总体原则：断面在总体和宏观上应能反映水系或区域的水环境质量状况；各断面的具体位置应能反映所在区域环境的污染特征；尽可能以最少的断面获取有足够代表性的环境信息；应考虑实际采样时的可行性和方便性。

在水域的下列位置应设置监测断面：

(1)断面位置应避开死水区、回水区、排污口处，尽量选择顺直河段、河床稳定、水流平稳、水面宽阔、无急流、无浅滩处。

(2)应尽可能与水文测量断面重合，实现水质监测与水量监测的结合，并要求交通方便，有明显岸边标志。

(3)监测断面的布设应考虑社会经济发展，监测工作的实际状况和需要具有相对的长远性。

(4)流域同步监测中，根据流域规划和污染源限期达标目标确定监测断面。

(5)局部河道整治中，监测整治效果的监测断面，由所在地区环境保护行政主管部门确定。

(6)入海河口断面要设置在能反映入海河水水质并邻近入海口的位置。

2. 河流监测断面的设置

对于江、河水系或某个河段，通常要求设置三种采样断面，即对照断面、控制断面和消减断面，如图2-2所示。

河流监测断面设置

(1)对照断面。为了解流入监测河段前的水体水质状况而设置。这种断面应设在河流进入城市或工业区以前的地方，避开各种废水、污水流入或回流处。一个河段一般只设一个对照断面。有主要支流时可酌情增加。

(2)控制断面。为评价、监测河段两岸污染源对水体水质影响而设置。控制断面的数目应根据城市的工业布局和排污口分布情况而定，断面的位置与废水排放口的距离应根据主要污染物的迁移、转化规律，河水流量和河道水力学特征确定，一般设在排污口下游500～1 000 m处。对有特殊要求的地区，如水产资源区、风景游览区、自然保护区、

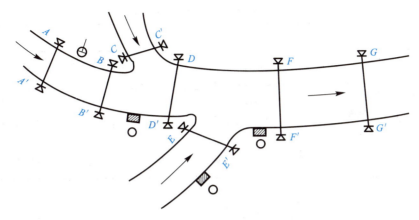

图 2-2　河流监测断面设置示意

→ 水流方向；⚲ 自来水厂取水点；○ 污染源；▨ 排污口

A—A′对照断面；G—G′消减断面；B—B′、C—C′、D—D′、E—E′、F—F′控制断面

与水源有关的地方病发病区、严重水土流失区及地球化学异常区等的河段上也应设置控制断面。

(3)消减断面。如果河段有足够长度(至少 10 km)，还应设消减断面。消减断面是指河流收纳废水和污水后，经稀释扩散和自净作用，使污染物浓度显著下降的位置的断面。通常设在城市或工业区最后一个排污口下游 1 500 m 以外的河段上。

(4)背景断面。有时为了取得水系和河流的背景监测值，还应设置背景断面。这种断面要求设置在未受人类活动影响的清洁河段上。

《"十三五"国家地表水环境质量监测网设置方案》(环监测〔2016〕30 号)中指出，国家地表水监测断面包括 2 767 个国家断面(2 050 个考核断面和 717 个趋势科研断面)。2 050 个考核断面为 1 940 个地表水和 195 个入海控制断面，其中 85 个为地表水与入海河流双重考核断面。

3. 河流采样点位的确定

设置监测断面后，应根据水面的宽度确定断面上的采样垂线，再根据采样垂线的深度确定采样点位置和数目。

在一个监测断面上设置的采样垂线数与各垂线上的采样点数应符合表 2-1 和表 2-2 的规定。

表 2-1　采样垂线数的设置

水面宽	垂线数	说明
≤50 m	一条(中泓)	①垂线布设应避开污染带，要测污染带应另加垂线。②确能证明该断面水质均匀时，可仅设中泓垂线。③凡在该断面要计算污染通量时，必须按本表设置垂线
50～100 m	二条(近左、右岸有明显水流处)	
>100 m	三条(左、中、右)	

表 2-2　采样垂线上的采样点数的设置

水深	采样点数	说明
≤5 m	上层一点	①上层指水面下层 0.5 m 处，水深不到 0.5 m 时，在水深 1/2 处。
5～10 m	上、下层两点	②下层指河底以上 0.5 m 处。 ③中层指 1/2 水深处。 ④封冻时在冰下 0.5 m 处采样，水深不到 0.5 m 处时，在水深 1/2 处采样。
>10 m	上、中、下三层三点	⑤凡在该断面要计算污染物通量时，必须按本表设置采样点

(二) 湖泊、水库监测垂线和采样点的布设

湖泊、水库通常只设监测垂线，如有特殊情况可参照河流的有关规定设置监测断面。

(1) 湖(库)区的不同水域，如进水区、出水区、深水区、浅水区、湖心区、岸边区，按水体类别设置监测垂线。

(2) 湖(库)区若无明显功能区别，可用网格法均匀设置监测垂线。

(3) 受污染物影响较大的重要湖泊、水库，应在污染物的主要输送路线上设置控制断面。

(4) 当有可能出现温度分层现象时，应做水温、溶解氧的探索性试验后再定。湖(库)监测垂线上的采样点的布设应符合表 2-3 的规定。

表 2-3　湖(库)监测垂线采样点的设置

水深	分层情况	采样点数	说明
≤5 m	—	一点(水面下 0.5 m 处)	①分层是指湖水温度分层状况。 ②水深不足 1 m 时，在 1/2 水深处设置测点。 ③有充分数据证实垂线水质均匀时，可酌情减少测点
5～10 m	不分层	二点(水面下 0.5 m，水底上 0.5 m)	
5～10 m	分层	三点(水面下 0.5 m，1/2 斜温层，水底上 0.5 m 处)	
>10 m	—	除水面下 0.5 m、水底上 0.5 处外，按每一斜温分层 1/2 处设置	—

监测断面和采样点的位置确定后，其所在位置应该固定明显的岸边天然标志。如果没有天然标志物，则应设置人工标志物，如竖石柱、打木桩等。每次采样要严格以标志物为准，使采集的样品取自同一位置上，以保证样品的代表性和可比性。

(三) 废水采样点的设置

废水一般经管道、沟、渠排放，水的截面面积比较小，不需设置断面，而直接确定采样点位。采样点位的确定应遵循以下原则：

(1)第一类污染物采样点位一律设置在车间或车间处理设施的排放口或专门处理此类污染物设施的排口。

(2)第二类污染物采样点位一律设置在排污单位的外排口。

(3)进入集中式污水处理厂和进入城市污水管网的污水采样点位应根据地方环境保护行政主管部门的要求确定。

(4)对整体污水处理设施效率监测时,在各种进入污水处理设施污水的入口和污水设施的总排口设置采样点。对各污水处理单元效率监测时,在各种进入处理设施单元污水的入口和设施单元的排口设置采样点。

三、水样的采集

(一)采样前的准备

采样前,要根据监测项目的性质和采样方法的要求,选择适宜材质的盛水容器和采样器,并清洗干净。

1. 水样容器的选择

实验室使用的容器材质包括四大类:玻璃石英类,主要有软质玻璃(普通玻璃)、硬质玻璃(硼硅玻璃)、高硅氧玻璃和石英;金属类,主要有铂,还有银、铁、镍、锆等;非金属类,主要有瓷、玛瑙和石墨等;塑料类,主要有聚乙烯、聚丙烯和聚四氟乙烯等。其中,实验室较常用的水样容器材质主要是硬质玻璃和聚乙烯塑料。

(1)硬质玻璃。硬质玻璃又称硼硅玻璃,主要成分是二氧化硅、碳酸钾、碳酸钠、碳酸镁、四硼酸钠、氧化锌和氧化铝等。硬质玻璃耐高温、耐腐蚀、耐电压及抗击性能好,透明或棕色,但易碎。一般的玻璃在贮存水样时可溶出钠、钙、镁、硅、硼等元素,在测定这些项目时应避免使用玻璃容器,以防止新的污染。硬质玻璃材质的容器主要用来作为测定有机物和生物等的水样容器。

(2)聚乙烯塑料。聚乙烯可分为低压聚乙烯和高压聚乙烯两种。低压聚乙烯的熔点为120 ℃~130 ℃;高压聚乙烯的熔点为110 ℃~115 ℃。聚乙烯是一种软质材料,呈乳白色,是最轻的一种塑料。聚乙烯的化学稳定性和机械性能好、不易破碎。在室温下,不受浓盐酸、氢氟酸、磷酸或强碱溶液的影响,只被浓硫酸(>60%)、浓硝酸、溴水及其他强氧化剂慢慢侵蚀。有机溶剂会侵蚀聚乙烯塑料。一般的玻璃容器吸附金属,聚乙烯等塑料吸附有机物质、磷酸盐和油类,聚乙烯材质的容器常作为测定金属、放射性元素和其他无机物的水样容器。

容器选择的其他注意事项如下:

①一些光敏物质,包括藻类,为防止光的照射,多采用不透明材料或有色玻璃容器,而且在整个存放期间,它们应放置在避光的地方。

②采集和分析的样品中含溶解的气体,通过曝气会改变样品的组分。细口生化需氧量瓶有锥形磨口玻璃塞,能使空气的吸收降低到最低限度。在运送过程中要求特别的密封措施。

③所有塑料容器都会干扰高灵敏度的分析，对微量有机污染物样品分析应采用玻璃或聚四氟乙烯瓶。

④微生物样品容器的基本要求是能够经受高温灭菌。如果是冷冻灭菌，瓶子和衬垫的材料也应该符合要求。在灭菌和样品存放期间，该材料不应该产生和释放出抑制微生物生存能力或促进繁殖的化学品。样品在运回实验室到打开前，应保持密封，并包装好，以防污染。

2. 水样容器的洗涤

(1)容器洗涤的目的和作用。处理容器内壁，以减少其对样品的污染或其他相互作用。

(2)选择容器洗涤方法的依据。要根据水样测定项目的要求来确定清洗容器的方法。请扫描二维码学习《国家地表水环境质量监测采测分离采样技术导则》(HJ 91.1—2019)中规定的水样测定项目所选择的采样容器和洗涤方式。

(3)注意事项。采样容器清洗后应做质量检验，当因洗涤不彻底而有待测物质检出时，整批容器应重新洗涤。

(二)地表水水样的采集

1. 采样方法

(1)涉水采样。较浅的小河和靠近岸边水浅的采样点可涉水采样，但要避免搅动沉积物而使水样受污染。涉水采样时，采样者应站在下游，向上游方向采集水样。

(2)船只采样。利用船只到指定的地点，按深度要求，把采水器浸入水面下采样，该方法比较灵活，适用于一般河流和水库的采样，但不容易固定采样地点，往往使数据不具有可比性。同时，一定要注意采样人员的安全。

(3)桥梁采样。确定采样断面应考虑交通方便，并应尽量利用现有的桥梁采样。在桥上采样安全、可靠、方便，不受天气和洪水的影响，可频繁采样，并能在横向和纵向准确控制采样点位置。

(4)索道采样。在地形复杂、险要，地处偏僻处的小河流，可架设索道采样。

(5)无人机采样。对于采样地形复杂、采样人员无法到达的区域，利用无人采样机搭载自动对焦的影像采集设备和取水装置，通过遥控指挥完成采样。

2. 采样设备(采水器)

(1)排空式采样器。采集表层水时，可用排空式采样器(图2-3)，或用桶、瓶等容器直接采取。此采样器是两端开口，侧面带刻度、温度计的玻璃或塑料的圆筒式，下侧端接有一胶管，底部加重物的一种装置。顶端和底端各有向上开启的两个半圆盖子，当采样器沉入水中时，两端各自的两个半圆盖子随之向上开启，水不停留在采样器中，到达预定深度上提，两端半圆盖子随之盖住，即取到所需深度的样品。

(2)深层采水器。颠倒采水器又称卡盖式采水器、南森采水器(图2-4)，是一种采集预定深度水样和固定颠倒温度表的器具。颠倒采水器由一个两端具有活门的镀镍黄铜(或不锈钢、UPVC)圆筒构成，有1 L、2.5 L、5 L、10 L等多种容积。

图 2-3　排空式采样器

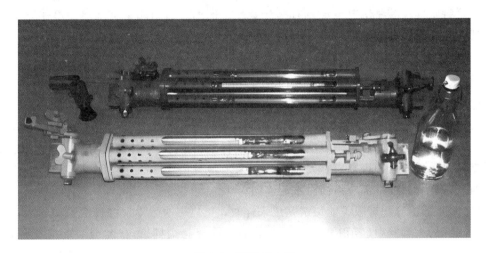

图 2-4　颠倒采水器

泵式自动采水器(图 2-5)采用高可靠蠕动泵,使用混合式步进电机驱动,使用充电电池,满足各类环境条件下的水质采样。采样管采用硅胶材质,避免对水质的影响。

图 2-5　泵式自动采水器

(3)自动采样设备。自动采样设备有其自身的优势,它可以自动采集连续样品或一系列样品而不用人工参与,主要应用在采集混合样品和研究水质随时间的变化情况方面。适宜的设备类型的选择取决于特定的采样情况,自动采样器可以连续或不连续采样,也可以定时或定比例采样。

3. 水样的类型

(1)瞬时水样。瞬时水样是指在某一时间和地点从水体中随机采集的分散水样。当水体水质稳定或其组分在相当长的时间或相当大的空间范围内变化不大时，瞬时水样具有很好的代表性；当水体组分及含量随时间和空间变化较大时，就应隔时、多点采集瞬时水样，分别进行分析，摸清水质的变化规律。

(2)混合水样。混合水样是指在同一采样点于不同时间所采集的瞬时水样的混合水样。有时称"时间混合水样"，以与其他混合水样相区别。这种水样在观察平均浓度时非常有用，但不适用于被测组分在贮存过程中发生明显变化的水样。

(3)综合水样。把不同采样点同时采集的各个瞬时水样混合后所得到的样品称为综合水样。这种水样在某些情况下更具有实际意义，例如，当为几条废水河、渠建立综合处理厂时，以综合水样取得的水质参数作为设计的依据更为合理。

4. 采样注意事项

(1)水环境的采样顺序是先水质后底质，采集多层次的深水水域样品，应按从浅到深的顺序采集。

(2)采样时应避免剧烈搅动水体，任何时候都要避免搅动底质。如发现水体受底质影响发生浑浊，应停止采样，待影响消除后再进行。当水体中漂浮有杂质时，应注意防止漂浮杂质进入采样器，否则应重新采样。用采水塑料桶或样品瓶人工直接采集水体表层水样时，采样容器的口部应该面对水流流向。

(3)采水器的容积有限不能一次完成采样时，可以多次采集，将各次采集的水样集装在洗涤干净的大容器中(容积大于 5 L 的玻璃瓶或聚乙烯桶)，样品分装前应充分摇匀。注意混匀样品不适宜于测定溶解氧、BOD、油类、细菌学指标、硫化物及其他有特殊要求的项目。

(4)在样品分装和添加保存剂时，应防止操作现场环境可能对样品的粘污，尤其测定微量物质的样品更应格外小心。要预防样品瓶塞(或盖)受玷污。

(5)测定溶解氧、BOD、pH 值、二氧化碳等项目的水样，采样时必须充满，避免残留空气对测定项目的干扰。测定其他项目的样品瓶，在装取水样(或采样)后至少留出占容器体积 10% 的空间，一般可装在瓶肩处，以满足分析前样品充分摇匀。

(6)从采样器往样品瓶注入水样时，应沿样品瓶内壁注入，除特殊要求外，放水管不要插入液面下装样。

(7)除现场测定项目外，样品采集后应立即按保存方法采取措施，加保存剂的样品应在采样现场进行。在加保存剂时，除碘量法测定溶解氧的样品，移液管插入液面下加入保存剂外，一般项目加保存剂时，移液管嘴应靠瓶口内壁，使保存剂沿壁加到样品中，防止溅出。加入保存剂的样品，应颠倒摇动数次，使保存剂在水样中均匀分散。

(8)河流、湖泊、水库和河口、港湾水域可使用船舶进行采样监测，最好用专用的监测船或采样船。如无专用船只，可根据监测站位所在水域的状况、气象条件、安全和采样要求，选用适当吨位的船只作为采样船。采样船只从到达采样站位开始直至采样结束，禁止排放任何污染物。采样时，船首应该逆向水流流向，保持顶流状态。水质样品的采集一般在船只的前半部分作业。测定油类的水样，必须在船首附近面对水流流向的位置操作，要避开船体及船上油性污染物粘污的局部水域。

5. 采样记录

采样后要立即填写标签和采样记录单。水样采样记录格式见表2-4。

表2-4 水样采样记录

监测站名_____ 年　度_____

编号	河流(湖库)名称	采样月日	断面名称	采样位置				气象参数					流速/(m·s^{-1})	流量/(m³·s^{-1})	现场测定记录						备注
				断面号	垂线号	点位号	水深/m	气温/℃	气压/kPa	风向	风速/(m·s^{-1})	相对湿度/%			水温/℃	pH值	溶解氧/(mg·L^{-1})	透明度/cm	电导率/(μS·cm^{-1})	感观指标描述	

(三)废水样品的采集

1. 采样方法

(1)浅水采样可用容器直接采集，或用聚乙烯塑料长把勺采集。

(2)深层水采样可使用专制的深层采水器采集，也可将聚乙烯筒固定在重架上，沉入要求深度采集。

(3)自动采样采用自动采样器或连续自动定时采样器采集。例如，自动分级采样式采水器，可在一个生产周期内，每隔一定时间将一定量的水样分别采集到不同的容器中。自动混合采样式采水器可定时连续地将定量水样或按流量比采集的水样汇集于一个容器内。

2. 废水样品的类型

(1)瞬时废水样。对于生产工艺连续、稳定的工厂，排放废水中的污染组分及浓度变化不大时，瞬时水样具有较好的代表性。对于某些特殊情况，如废水中污染物质的平均浓度合格，而高峰排放浓度超标，这时也可间隔适当时间采集瞬时水样，并分别测定，将结果绘制成浓度-时间关系曲线，以得知高峰排放时污染物质的浓度；同时也可计算出平均浓度。

（2）平均废水样。由于工业废水的排放量和污染组分的浓度往往随时间起伏较大，为使监测结果具有代表性，需要增大采样和测定频率，但这势必增加工作量，此时比较好的办法是采集平均混合水样或平均比例混合水样。前者是指每隔相同时间采集等量废水样混合而成的水样，适用于废水流量比较稳定的情况；后者是指在废水流量不稳定的情况下，在不同时间依照流量大小按比例采集的混合水样。有时需要同时采集几个排污口的废水样，并按比例混合，其监测结果代表采样时的综合排放浓度。

（3）单独废水样。测定废水的 pH 值、溶解氧、硫化物、细菌学指标、余氯、化学需氧量、油脂类和其他可溶性气体等项目的废水样不宜混合，要瞬时采集单独废水样，并应尽快予以测定，不能及时分析的也应采取相应保存方法予以处理。

3. 废水采样注意事项

（1）在排污管道或渠道中采样时，应在水流平稳、水质均匀的部位采集，要防止异物进入采样水体。

（2）随废水流动的悬浮物或固体颗粒，应看成是废水的一个组成部分，不应在测定前滤除。油、有机物和重金属离子等，可能被悬浮物吸附，有的悬浮物中就含有被测定的物质，如选矿、冶炼废水中的重金属。

（3）采集平均废水样，可采样后立即混合，也可采样后分批放置，待采样完毕后再进行混合。

（4）特殊监测项目的样品采集参照"地面水样品的采集"相关内容。

4. 采样记录

采样后，要认真填写采样记录，仔细检查核对采集样品签、记录和保存措施落实情况，防止出现差错。废水采样记录参考格式见表 2-5。

表 2-5　废水采样记录

监测站名＿＿＿＿＿＿＿＿＿＿＿＿　　　年度＿＿＿＿＿＿＿＿＿＿＿＿

序号	企业名称	行业名称	采样口	采样口位置 车间或出水口	采样口流量 /($m^3 \cdot s^{-1}$)	采样时间 月　日	颜色	臭	备注

现场情况描述：

治理设施运行状况：

采样人员：＿＿＿＿＿＿＿　　企业接待人员：＿＿＿＿＿＿＿　　记录人员：＿＿＿＿＿＿＿

(四)地下水水样的采集

1. 采样器与贮样容器

(1)采样器材质与贮样容器要求同地表水采集要求。

(2)地下水水质采样器可分为自动式与人工式。自动式用电动泵进行采样;人工式分为活塞式与隔膜式,可按要求选用。

(3)采样器在测井中应能准确定位,并能取到足够量的代表性水样。

2. 采样方法与要求

(1)采样时采样器放下与提升时动作要轻,避免搅动井水及底部沉积物。

(2)用机井泵采样时,应待管道中的积水排净后再采样。

(3)自流地下水样品应在水流流出处或水流汇集处采集。

(4)水样采集量应满足监测项目与分析方法所需量及备用量要求。

(五)沉积物样品的采集

1. 采样方法

采集表层底质样品一般采用掘式采样器(图2-6)或锥式采样器。前者适用于采样量较大的情况;后者适用于采样量少的情况。管式泥芯采样器用于采集柱状样品,以供监测底质中污染物质的垂直分布情况。如果水域水深小于3 m,可将竹竿粗的一端削成尖头斜面,插入床底采样。当水深小于0.6 m时,可用长柄塑料勺直接采集表层底质。

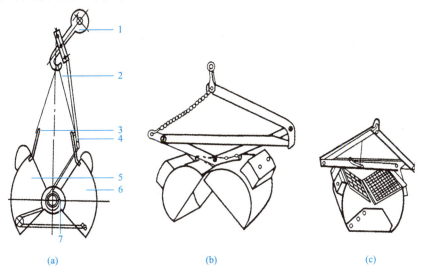

图2-6 常用掘式采样器

(a)0.025 m² 掘式采泥器;(b)Petersen 掘式沉积物采样器;(c)Ponar 掘式沉积物采样器
1—吊钩;2—采泥器的钢丝绳;3、4—铁门;5、6—内、外斗壳;7—主轴

2. 采样量及采样容器

采样量视监测项目和目的而定,通常为1~2 kg,如样品不易采集或测定项目较少,

可予酌减。一次的采样量不够时，可在周围采集几次，并将样品混匀。样品中的砾石、贝壳、动植物残体等杂物应予以剔除。在较深水域一般常用掘式采泥器采样。在浅水区或干涸河段用塑料勺或金属铲等即可采样。样品在尽量沥干水分后，用塑料袋或玻璃瓶盛装；供测定有机物的样品，用金属器具采样，置于棕色磨口玻璃瓶中，瓶口不要粘污，以保证磨口塞能塞紧。

3. 采样记录

样品采集后，及时将样品编号，并贴上标签。所采底质样品的外观性状，如泥质状态、颜色、臭味、生物现象等，均应填入采样记录表，一并送交实验室，并应有交接手续。

四、水样的运输与保存

各种水质的水样，从采集到分析测定这段时间内，由于环境条件的改变，微生物新陈代谢活动和化学作用的影响，会引起水样某些物理参数及化学组分的变化。为将这些变化降到最低程度，需要尽可能地缩短运输时间，尽快分析测定和采取必要的保护措施，有些项目必须在采样现场测定。

（一）水样的运输管理

采集的水样，除供一部分监测项目在现场测定使用外，大部分水样要运回到实验室进行分析测试。在水样运输过程中，为保持水样的完整性，使之不受污染、损坏和丢失。在运输过程中要注意以下几点：

（1）根据采样记录和样品登记表清点样品，防止搞错。

（2）塑料容器要塞紧内塞、旋紧外盖。

（3）玻璃瓶要塞紧磨口塞，然后用细绳将瓶塞与瓶颈栓紧或用封口胶、石蜡封口（测油类水样除外）。

（4）包装箱可用多种材料如泡沫塑料、波纹纸板等，以使运送过程中样品的损耗降低到最低限度。包装箱的盖子一般都衬有隔离材料，用以对瓶塞施加轻微的压力。气温较高时，为防止生物样品发生变化，应对样品冷藏防腐或用冰块保存。

（5）冬季应采取保温措施，以免冻裂样品瓶。

（二）水样的保存

各种水质的水样，从采集到分析这段时间里，由于物理的、化学的、生物的作用会发生不同程度的变化，这些变化使得进行分析时的样品已不再是采样时的样品，为了使这种变化降到最低程度，必须在采样时对样品加以保护。

1. 水样变化的原因

（1）生物作用。细菌、藻类及其他生物体的新陈代谢会消耗水样中的某些组分，产生一些新的组分，改变一些组分的性质，生物作用会对样品中待测的一些项目如溶解氧、二氧化碳、含氮化合物、磷及硅等的含量与浓度产生影响。

(2)化学作用。水样各组分之间可能发生化学反应，从而改变了某些组分的含量与性质。例如，溶解氧或空气中的氧能使二价铁、硫化物等氧化，聚合物可能解聚，单体化合物也有可能聚合。

(3)物理作用。光照、温度、静置或振动、敞露或密封等保存条件及容器材质都会影响水样的性质，如温度升高或强振动会使得一些物质如氧、氰化物及汞等挥发；长期静置会使 $Al(OH)_3$、$CaCO_3$ 及 $Mg_3(PO_4)_2$ 等沉淀。某些容器的内壁能不可逆地吸附或吸收一些有机物或金属化合物等。

水样在贮存期内发生变化的程度主要取决于水的类型及水样的化学性质和生物学性质，也取决于保存条件、容器材质、运输气候变化等因素。

2. 水样的保存方法

(1)将水样充满容器至溢流并密封。为避免样品在运输途中的振荡，以及空气中的氧气、二氧化碳对容器内样品组成和待测项目的干扰，为不对酸碱度、BOD、DO 等产生影响，应使水样充满容器至溢流并密封保存。但对准备冷冻保存的样品不能充满容器，否则水冻冰之后，会因体积膨胀导致容器破裂。

(2)样品的冷藏、冷冻。在大多数情况下，从采集样品后到运输到实验室期间，在 1 ℃～5 ℃冷藏并暗处保存。冷藏并不适用于长期保存，对废水的保存时间更短。

－20 ℃的冷冻温度一般能延长贮存期。分析挥发性物质不适用冷冻程序。如果样品包含细胞、细菌或微藻类，在冷冻过程中，会破裂、损失细胞组分，同样不适于冷冻。冷冻需要掌握冷冻和融化技术，以使样品在融化时能迅速、均匀地恢复其原始状态，用干冰快速冷冻是令人满意的方法。一般选用塑料容器，强烈推荐聚氯乙烯或聚乙烯等塑料容器。

(3)水样的过滤或离心分离。采样时或采样后，用滤器(滤纸、聚四氟乙烯滤器、玻璃滤器)等过滤样品或将样品离心分离都可以除去其中的悬浮物、沉淀、藻类及其他微生物。滤器的选择要注意与分析方法相匹配，用前清洗及避免吸附、吸收损失。因为各种重金属化合物、有机物容易吸附在滤器表面，滤器中的溶解性化合物如表面活性剂会滤到样品中。一般测有机项目时选用砂芯漏斗和玻璃纤维漏斗，而在测定无机项目时常用 0.45 μm 的滤膜过滤。

过滤样品的目的就是区分被分析物的可溶性和不可溶性的比例(如可溶和不可溶金属部分)。

(4)加入化学试剂保存法。

①加入生物抑制剂。如在测定氨氮、硝酸盐氮、化学需氧量的水样中加入 $HgCl_2$，可抑制生物的氧化还原作用；对测定酚的水样用 H_3PO_4 调至 pH 值为 2 时，加入适量 $CuSO_4$，即可抑制苯酚菌的分解活动。

②调节 pH 值。测定金属离子的水样常用 HNO_3 酸化至 pH 值为 1～2，既可防止重金属离子水解沉淀，又可避免金属被器壁吸附；测定氰化物或挥发酚的水样加入 NaOH 调至 pH 值≥9，使之生成稳定的酚盐等。

③加入氧化剂或还原剂。如测定硫化物的水样，加入抗坏血酸，可以防止被氧化；

测定溶解氧的水样则需加入少量硫酸锰和碘化钾固定溶解氧等。

应当注意的是，加入的保存剂不能干扰以后的测定；保存剂的纯度最好是优级纯的，还应做相应的空白试验，对测定结果进行校正。

水样的贮存期限与多种因素有关，如组分的稳定性、浓度、水样的污染程度等。请扫描二维码学习《国家地表水环境质量监测采测分离采样技术导则》(HJ 91.1—2019)中建议的水样保存方法。

水样的保存方法

五、样品的预处理

环境水样的组成是相当复杂的，并且多数污染组分含量低，存在形态各异，所以在分析测定之前，需要进行适当的预处理，以得到欲测组分适用于测定方法要求的形态、浓度和消除共存组分干扰的试样体系。下面介绍主要预处理方法。

(一)水样的消解

适用场合：当测定含有机物水样中的无机元素时，需进行消解处理。

消解处理的目的：破坏有机物，溶解悬浮性固体，将各种价态的欲测元素氧化成单一高价态或转变成易于分离的无机化合物。

消解处理后的效果：消解后的水样应清澈、透明、无沉淀。

消解水样的方法：湿式消解法和干式分解法(干灰化法)。

1. 湿式消解法

(1)硝酸消解法。对于较清洁的水样，可用硝酸消解法。其方法要点：取混匀的水样50～200 mL于烧杯中，加入5～10 mL浓硝酸，在电热板上加热煮沸，蒸发至小体积，试液应清澈透明，呈浅色或无色，否则，应补加硝酸继续消解。蒸至近干，取下烧杯，稍冷后加2% HNO_3(或 HCl)20 mL，温热溶解可溶盐。若有沉淀，应过滤，滤液冷至室温后置于50 mL容量瓶中定容备用。

(2)硝酸-高氯酸消解法。两种酸都是强氧化性酸，联合使用可消解含难氧化有机物的水样。其方法要点：取适量水样于烧杯或锥形瓶中，加5～10 mL硝酸，在电热板上加热、消解至大部分有机物被分解。取下烧杯，稍冷后加2～5 mL高氯酸，继续加热至开始冒白烟，如试液呈深色，再补加硝酸，继续加热至冒浓厚白烟将尽(不可蒸至干涸)。取下烧杯冷却，用2% HNO_3 溶解，如有沉淀，应过滤，滤液冷至室温定容备用。

注意：因为高氯酸能与羟基化合物反应生成不稳定的高氯酸酯，有发生爆炸的危险，故先加入硝酸，氧化水样中的羟基化合物，稍冷后再加高氯酸处理。

(3)硝酸-硫酸消解法。两种酸都有较强的氧化能力，其中硝酸沸点低，而硫酸沸点高，二者结合使用，可提高消解温度和消解效果。常用的硝酸与硫酸的比例为5∶2。

消解时，先将硝酸加入水样中，加热蒸发至小体积，稍冷后再加入硫酸、硝酸，继续加热蒸发至冒大量白烟，冷却，加适量水，温热溶解可溶盐，若有沉淀，应过滤。为提高消解效果，常加入少量过氧化氢。

该方法不适用于处理测定易生成难溶硫酸盐组分(如铅、钡、锶)的水样。

(4)硫酸-磷酸消解法。两种酸的沸点都比较高,其中,硫酸氧化性较强,磷酸能与一些金属离子如 Fe^{3+} 等结合,故二者结合消解水样,有利于测定时消除 Fe^{3+} 等离子的干扰。

(5)多元消解方法。为提高消解效果,在某些情况下需要采用三元以上酸或氧化剂消解体系。例如,处理测总铬的水样时,用硫酸、磷酸和高锰酸钾消解。

(6)碱分解法。当用酸体系消解水样造成易挥发组分损失时,可改用碱分解法。其具体操作方法是在水样中加入氢氧化钠和过氧化氢溶液,或者氨水和过氧化氢溶液,加热煮沸至近干,用水或稀碱溶液温热溶解。

2. 干灰化法

干灰化法又称高温分解法。其处理过程:取适量水样于白瓷或石英蒸发皿中,置于水浴上蒸干,移入马弗炉内,于450 ℃~550 ℃灼烧到残渣呈灰白色,使有机物完全分解除去。取出蒸发皿,冷却,用适量 2% HNO_3(或 HCl)溶解样品灰分,过滤,滤液定容后供测定。

本方法不适用于处理测定易挥发组分(如砷、汞、镉、硒、锡等)的水样。

3. 消解操作的注意事项

(1)选用的消解试剂能使样品完全分解。

(2)消解过程中不得使待测组分因产生挥发性物质或沉淀而造成损失。

(3)消解过程中不得引入待测组分或任何其他干扰物质,为后续操作引入干扰和困难。

(4)消解过程应平稳,升温不宜过猛,以免反应过于激烈造成样品损失或人身损害。

(5)使用高氯酸进行消解时,不得直接向含有有机物的热溶液中加入高氯酸。

(6)消解操作必须在通风橱内进行。

(二)富集与分离

当水样中的欲测组合含量低于分析方法的检测限时,就必须进行富集或浓缩,当有共存干扰组分时,就必须采取分离或掩蔽措施。富集和分离往往是不可分割、同时进行的。常用的方法有过滤、挥发、蒸馏、溶剂萃取、离子交换、吸附、共沉淀、层析、低温浓缩等,要结合具体情况选择使用。

1. 挥发和蒸发浓缩

挥发分离法是利用某些污染组分挥发度大,或者将欲测组分转变成易挥发物质,然后用惰性气体带出而达到分离的目的。例如,用冷原子荧光法测定水样中的汞时,先将汞离子用氯化亚锡还原为原子态汞,再利用汞易挥发的性质,通入惰性气体将其带出并送入仪器测定;用分光光度法测定水中的硫化物时,先使之在磷酸介质中生成硫化氢,再用惰性气体载入乙酸锌-乙酸钠溶液吸收,从而达到与母液分离的目的。该吹气分离装置如图 2-7 所示。测定废水中的砷时,将其转变成砷化氢气体,用吸收液吸收后供分光光度法测定。

蒸发浓缩是指在电热板上或水浴中加热水样,使水分缓慢蒸发,达到缩小水样体积、

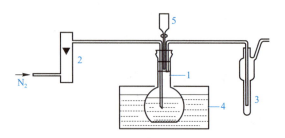

图 2-7　测定硫化物的吹气分离装置

1—500 mL 平底烧瓶(内装水样)；2—流量计；
3—吸收管；4—50 ℃～60 ℃恒温水浴；5—分液漏斗

浓缩欲测组分的目的。该方法无须化学处理，简单易行，尽管存在缓慢、易吸附损失等缺点，但在无更适宜的富集方法时仍可采用。

2. 蒸馏法

蒸馏法是利用水样中各污染组分具有不同的沸点而使其彼此分离的方法。测定水样中的挥发酚、氰化物、氟化物时，均需先在酸性介质中进行预蒸馏分离。蒸馏具有消解、富集和分离三种作用。图 2-8 所示为挥发酚和氰化物的蒸馏装置。

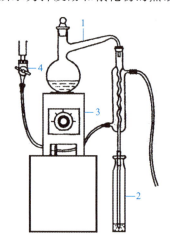

图 2-8　挥发酚和氰化物的蒸馏装置

1—500 mL 全玻璃蒸馏器；2—接收瓶；3—电炉；4—水龙头

3. 溶剂萃取法

(1)原理。溶剂萃取法是基于物质在不同的溶剂相中分配系数不同，而达到组分的富集与分离的目的。在水相-有机相中的分配系数(K)用下式表示：

$$K = \frac{\text{有机相中被萃取物浓度}}{\text{水相中被萃取物浓度}} \tag{2-1}$$

当溶液中某组分的 K 值大时，则容易进入有机相，而 K 值很小的组分仍留在溶液中。

分配系数(K)中所指欲分离组分在两相中的存在形式相同，而实际并非如此，故通常用分配比(D)表示：

$$D = \frac{\sum[A]_{\text{有机相}}}{\sum[A]_{\text{水相}}} \quad (2-2)$$

式中　$[A]_{\text{有机相}}$——欲分离组分 A 在有机相中各种存在形式的总浓度；

　　　$[A]_{\text{水相}}$——组分 A 在水相中各种存在形式的总浓度。

分配比和分配系数不同，它不是一个常数，而随被萃取物的浓度、溶液的酸度、萃取剂的浓度及萃取温度等条件而变化。只有在简单的萃取体系中，被萃取物质在两相中存在形式相同时，K 才等于 D。分配比反映萃取体系达到平衡时的实际分配情况，被萃取物质在两相中的分配还可以用萃取率(E)表示。其表达式为

$$E = \frac{\text{有机相中被萃取物的量}}{\text{水相和有机相中被萃取物的总量}}\% \quad (2-3)$$

分配比(D)和萃取率(E)的关系如下：

$$E = \frac{100D}{D + \dfrac{V_{\text{水}}}{V_{\text{有机}}}}\% \quad (2-4)$$

式中　$V_{\text{水}}$——水相的体积；

　　　$V_{\text{有机}}$——有机相的体积。

假设 $V_{\text{水}}/V_{\text{有机}}=1$，当 $D=\infty$ 时，$E=100\%$，一次即可萃取完全；$D=100$ 时，$E=99\%$，一次萃取不完全，需要萃取几次；$D=10$ 时，$E=91\%$，需连续萃取才趋于完全；$D=1$ 时，$E=50\%$，要萃取完全相当困难。

(2)类型。

①有机物质的萃取：分散在水相中的有机物质易被有机溶剂萃取，利用此原理可以富集分散在水样中的有机污染物质。例如，用 4-氨基安替比林光度法测定水样中的挥发酚时，若酚含量低于 0.05 mg/L，则水样经蒸馏分离后需再用三氯甲烷进行萃取浓缩；用紫外光度法测定水中的油和用气相色谱法测定有机农药(六六六、DDT)时，需先用石油醚萃取等。

②无机物的萃取：由于有机溶剂只能萃取水相中以非离子状态存在的物质(主要是有机物质)，而多数无机物质在水相中均以水合离子状态存在，故无法用有机溶剂直接萃取。为实现用有机溶剂萃取，需先加入一种试剂，使其与水相中的离子态组分相结合，生成一种不带电、易溶于有机溶剂的物质，该试剂与有机相、水相共同构成萃取体系。根据生成可萃取物类型的不同，可分为螯合物萃取体系、离子缔合物萃取体系、三元络合物萃取体系和协同萃取体系等。在环境监测中，螯合物萃取体系用得较多。

螯合物萃取体系是指在水相中加入螯合剂，与被测金属离子生成易溶于有机溶剂的中性螯合物，从而被有机相萃取出来。例如，用分光光度法测定水中的 Cd^{2+}、Hg^{2+}、Zn^{2+}、Pb^{2+}、Ni^{2+}、Bi^{2+} 等，双硫腙(螯合剂)能使上述离子生成难溶于水的螯合物，可用三氯甲烷(或四氯化碳)从水相中萃取后测定，三者构成双硫腙-三氯甲烷-水萃取体系。

4. 离子交换法

离子交换是利用离子交换剂与溶液中的离子发生交换反应进行分离的方法。离子交

换剂可分为无机离子交换剂和有机离子交换剂。目前广泛应用的是有机离子交换剂即离子交换树脂。

(1)离子交换树脂是可渗透的三维网状高分子聚合物,在网状结构的骨架上含有可电离的或可被交换的阳离子或阴离子活性基团。

(2)强酸性阳离子树脂含有活性基团-SO_3H、-SO_3Na 等,一般用于富集金属阳离子。

(3)强碱性阴离子交换树脂含有-$N(CH_3)_3^+X^-$ 基团(其中 X^- 为 OH^-、Cl^-、NO_3^- 等),能在酸性、碱性和中性溶液中与强酸或弱酸阴离子交换,应用较广泛。

用离子交换树脂进行分离的操作程序包括交换柱的制备、交换、洗脱等。

5. 共沉淀法

共沉淀是指溶液中一种难溶化合物在形成沉淀过程中,将共存的某些痕量组分一起载带沉淀出来的现象。共沉淀现象在常量分离和分析中是力图避免的,但是一种分离富集微量组分的手段。例如,在形成硫酸铜沉淀的过程中,可使水样中浓度低至 0.02 μg/L 的 Hg^{2+} 共沉淀出来。

共沉淀法的原理基于表面吸附、形成混晶、异电核胶态物质相互作用及包藏等。

(1)利用吸附作用的共沉淀分离。该方法常用的载体有 $Fe(OH)_3$、$Al(OH)_3$、$Mn(OH)_2$ 及硫化物等。由于它们是表面积大、吸附力强的非晶形胶体沉淀,故吸附和富集效率高。例如,分离含铜溶液中的微量铝,仅加氨水不能使铝以 $Al(OH)_3$ 沉淀析出,若加入适量 Fe^{3+} 和氨水,则利用生成的 $Fe(OH)_3$ 沉淀作为载体,吸附 $Al(OH)_3$ 转入沉淀,与溶液中的 $Cu(NH_3)_4^{2+}$ 分离;用分光光度法测定水样中的 Cr^{6+} 时,当水样有色、浑浊、Fe^{3+} 含量低于 200 mg/L 时,可在 pH 值为 8～9 的条件下用氢氧化锌作为共沉淀剂吸附分离干扰物质。

(2)利用生成混晶的共沉淀分离。当欲分离微量组分及沉淀剂组分生成沉淀时,如具有相似的晶格,就可能生成混晶而共同析出。例如,硫酸铅和硫酸锶的晶形相同,如分离水样中有痕量 Pb^{2+},可加入适量 Sr^{2+} 和过量可溶性硫酸盐,则生成 $PbSO_4$-$SrSO_4$ 的混晶,将 Pb^{2+} 共沉淀出来。

(3)利用有机共沉淀剂进行共沉淀分离。有机共沉淀剂的选择性较无机沉淀剂高,得到的沉淀也较纯净,并且通过灼烧可除去有机共沉淀剂,留下欲测元素。例如,在含痕量 Zn^{2+} 的弱酸性溶液中,加入硫氰酸铵和甲基紫,由于甲基紫在溶液中电离成带正电荷的大阳离子 B^+,它们之间发生如下共沉淀反应:

$$Zn^{2+} + 4SCN^- = Zn(SCN)_4^{2-}$$
$$2B^+ + Zn(SCN)_4^{2-} = B_2Zn(SCN)_4(形成缔合物)$$
$$B^+ + SCN^- = BSCN\downarrow(形成载体)$$

$B_2Zn(SCN)_4$ 与 BSCN 发生共沉淀,因而将痕量 Zn^{2+} 富集于沉淀之中。

6. 吸附法

吸附是利用多孔性的固体吸附剂将水样中一种或数种组分吸附于表面,以达到分离的目的。常用的吸附剂有活性炭、氧化铝、分子筛、大网状树脂等。被吸附富集于吸附剂表面的污染组分,可用有机溶剂或加热解析出来供测定。例如,国内常用国产 DA201

大网状树脂富集海水中 ppb 级有机氯农药，用无水乙醇解析，石油醚萃取两次，经无水硫酸钠脱水后，用气相色谱电子捕获检测器测定，对农药各种异构体均得到满意的分离，其回收率均在 80% 以上，且重复性好。

六、监测方案的制定

水质监测可分为环境水体监测和水污染源监测。代表水环境现状的水体包括地表水（江、河、湖、库、海水）和地下水；水污染源包括生活污水、医院污水及各种废水。

（一）地表水监测方案的制定

1. 监测目的

为开展水环境质量评价、预测、预报及进行环境科学研究提供基础数据和手段。

2. 基础资料的收集

在制定监测方案之前，应尽可能完备地收集欲监测水体及所在区域的有关资料。

（1）水体的水文、气候、地质和地貌资料。如水位、水量、流速及流向的变化；降雨量、蒸发量及历史上的水情；河流的宽度、深度、河床结构及地质状况；湖泊沉积物的特性、间温层分布、等深线等。

（2）水体沿岸城市分布、工业布局、污染源及其排污情况、城市给水排水情况等。

（3）水体沿岸的资源现状和水资源的用途、饮用水源分布和重点水源保护区、水体流域土地功能及近期使用计划等。

（4）历年的水质资料等。

（5）水资源的用途、饮用水源分布和重点水源保护区。

（6）实地勘查现场的交通情况、河宽、河床结构、岸边标志等。对于湖泊，还需了解生物、沉积物特点、间温层分布、容积、平均深度、等深线和水更新时间等。

（7）收集原有的水质分析资料或在需要设置断面的河段上设若干调查断面进行采样分析。

3. 监测断面和采样点的设置

参照布点方法中地表水采样点设置要求进行，此处不再赘述。

4. 采样时间和采样频率的确定

为使采集的水样具有代表性，能够反映水质在时间和空间上的变化规律，必须确定合理的采样时间和采样频率，力求以最低的采样频次，取得最有时间代表性的样品，既要满足能反映水质状况的要求，又要切实可行。一般原则如下：

（1）饮用水源地、省（自治区、直辖市）交界断面中需要重点控制的监测断面每月至少采样一次。

（2）国控水系、河流、湖、库上的监测断面，逢单月采样一次，全年六次。

（3）水系的背景断面每年采样一次。

（4）受潮汐影响的监测断面采样，分别在大潮期和小潮期进行。每次采集涨、退潮水样分别测定。涨潮水样应在断面处水面涨平时采样，退潮水样应在水面退平时采样。

(5)如某必测项目连续三年均未检出，且在断面附近确定无新增排放源，而现有污染源排污量未增的情况下，每年可采样一次进行测定。一旦检出，或在断面附近有新的排放源或现有污染源有新增排污量时，应恢复正常采样。

(6)国控监测断面(或垂线)每月采样一次，在每月 5—10 日内进行采样。

(7)遇有特殊自然情况，或发生污染事故时，要随时增加采样频次。

(二)水污染源监测方案的制定

废水和污水采样是污染源调查和监测的主要工作之一。而污染源调查和监测是监测工作的一个重要方面，是环境管理和治理的基础。

1. 监测目的

(1)对生产过程、生活设施及其他排放源排放的各类废水进行监视性监测，为污染源管理和治理提供依据。

(2)对水环境污染事故进行应急监测，为分析判断事故原因、危害及采取对策提供依据。

(3)为国家政府部门制定环境保护法规、标准和规划，全面开展环境保护管理工作提供有关数据和资料。

2. 采样前的调查研究

要保证采样地点、采样方法可靠并使水样有代表性，必须在采样前进行调查研究，包括以下几个方面的内容：

(1)调查工业用水情况。工业用水一般分为生产用水和管理用水。生产用水主要包括工艺用水、冷却用水、漂白用水等。管理用水主要包括地面与车间冲洗用水、洗浴用水、生活用水等。

需要调查清楚工业用水量、循环用水量、废水排放量、设备蒸发量和渗漏损失量。可用水平衡计算和现场测量法估算各种用水量。

(2)调查工业废水类型。工业废水可分为物理污染废水、化学污染废水、生物及生物化学污染废水三种主要类型。

通过生产工艺的调查，计算出排放水量并确定需要监测的项目。

(3)调查工业废水的排污去向。调查内容：车间、工厂或地区的排污口数量和位置；直接排入还是通过渠道排入江、河、湖、库、海中，是否有排放渗坑。

3. 采样点的设置

参照布点方法中废水采样点设置要求进行，此处不再赘述。

4. 采样时间和频率的确定

(1)监督性监测。地方环境监测站对污染源的监督性监测每年不少于 1 次，如被国家或地方环境保护行政主管部门列为年度监测的重点排污单位，应增加到 2~4 次。因管理或执法的需要所进行的抽查性监测或企业的加密监测由各级环境保护行政主管部门确定。

生活污水每年采样监测2次,春夏季各1次,医院污水每年采样监测4次,每季度1次。

(2)企业自我监测。工业废水按生产周期和生产特点确定监测频率。一般每个生产日至少3次。

排污单位为了确认自行监测的采样频次,应在正常生产条件下的一个生产周期内进行加密监测。周期在8h以内的,每小时采1次样;周期大于8h的,每2h采1次样,但每个生产周期采样次数不少于3次。在采样的同时测定流量,根据加密监测结果,绘制污水污染物排放曲线(浓度-时间、流量-时间、总量-时间),并与所掌握的资料对照,如基本一致,即可据此确定企业自行监测的采样频次。根据管理需要进行污染源调查性监测时,也按此频次采样。

排污单位如有污水处理设施并能正常运转使污水能稳定排放,则污染物排放曲线比较平稳,监督监测可以采瞬时样;对于排放曲线有明显变化的不稳定排放污水,要根据曲线情况分时间单元采样,再组成混合样品。正常情况下,混合样品的单元采样不得少于2次。如排放污水的流量、浓度甚至组分都有明显变化,则在各单元采样时的采样量应与当时的污水流量成比例,以使混合样品更有代表性。

(3)其他。对于污染治理、环境科研、污染源调查和评价等工作中的污水监测,其采样频次可以根据工作方案的要求另行确定。

(三)地下水监测方案的制定

储存在土壤和岩石空隙(孔隙、裂隙、溶隙)中的水统称为地下水。地下水埋藏在地层的不同深度,相对于地面水而言,其流动性和水质参数的变化比较缓慢。地下水水质监测方案的制定过程与地面水基本相同。

1. 调查研究和收集资料

(1)收集、汇总监测区域的水文、地质、气象等方面的有关资料和以往的监测资料,如地质图、剖面图、测绘图、水井的成套参数、含水层、地下水补给、径流和流向,以及温度、湿度、降水量等。

(2)调查监测区域内城市发展、工业分布、资源开发和土地利用情况,尤其是地下工程规模、应用等;了解化肥和农药的施用面积和施用量;查清污水灌溉、排污、纳污和地面水污染现状。

(3)测量或查知水位、水深,以确定采水器和泵的类型,以及所需费用和采样程序。

(4)在完成以上调查的基础上,确定主要污染源和污染物,并根据地区特点与地下水的主要类型把地下水分成若干个水文地质单元。

2. 采样点的设置

由于地质结构复杂,使地下水采样点的设置也变得复杂,自监测井采集的水样只代表含水层平行和垂直的一小部分,所以,必须合理地选择采样点。

地下水采样井布设的原则如下:

(1)全面掌握地下水资源质量状况,对地下水污染进行监视、控制。

(2)根据地下水类型与开采强度分区,以主要开采层为主布设,兼顾深层和自流地下水。

(3)尽量与现有地下水水位观测井网相结合。

(4)采样井布设密度为主要供水区密,一般地区稀;城区密,农村稀;污染严重区密,非污染区稀。

(5)不同水质特征的地下水区域应布设采样井。

(6)专用站按监测目的与要求布设。

地下水采样井布设方法与要求如下:

(1)在下列地区应布设采样井:以地下水为主要供水水源的地区;饮水型地方病(如高氟病)高发地区;污水灌溉区、垃圾堆积处理场地区及地下水回灌区;污染严重区域。

(2)平原(含盆地)地区地下水采样井布设密度一般为 1 眼/200 km^2,重要水源地或污染严重地区可适当加密;沙漠区、山丘区、岩溶山区等可根据需要,选择典型代表区布设采样井。

(3)一般水资源质量监测及污染控制井根据区域水文地质单元状况,视地下水主要补给来源,可在垂直于地下水流的上方向,设置一个至数个背景值监测井。或根据本地区地下水流向、污染源分布状况及活动类型与分布特征,采用网格法或放射法布设。

(4)多级深度井应沿不同深度布设数个采样点。

3. 采样时间与频率的确定

(1)背景井点每年采样一次。

(2)全国重点基本站每年采样两次,丰、枯水期各一次。

(3)地下水污染严重的控制井,每季度采样一次。

(4)在以地下水作为生活饮用水源的地区每月采样一次。

(5)专用监测井按设置目的与要求确定。

(四)沉积物监测方案的制定

沉积物是沉积在水体底部的堆积物质的统称,又称底质。它是矿物、岩石、土壤的自然侵蚀产物,也是生物活动及降解有机质等过程的产物。由于沉积物中所含的腐殖质、微生物、泥沙及土壤微孔表面的作用,在底质表面发生一系列的沉淀吸附、释放、化合、分解、络合等物理化学和生物转化作用,对水中污染物的自净、降解、迁移、转化等过程起着重要作用。因此,水体底部沉积物是水环境中的重要组成部分。

1. 采样点位的确定

底质监测断面的设置原则与水质监测断面的设置原则相同,其位置尽可能和水质监测断面重合,以便于将沉积物的组成及其物理化学性质与水质监测情况进行比较。

(1)底质采样点应尽量与水质采样点一致。底质采样点位通常为水质采样点位垂线的正下方。当正下方无法采样时,如水浅,因船体或采泥器冲击搅动底质,或河床为砂卵石时,应另选采样点重采。采样点不能偏移原设置的断面(点)太远。采样后应对偏移位置做好记录。

(2)底质采样点应避开河床冲刷、底质沉积不稳定、水草茂盛表层及底质易受搅动之处。

(3)湖(库)底质采样点一般应设在主要河流及污染源排放口与湖(库)水混合均匀处。

2. 采样时间与频率的确定

由于底质比较稳定，受水文、气象条件影响较小，故采样频率远较水样低，一般每年枯水期采样一次，必要时，可在丰水期加采一次。

任务二　水质项目分析测定

任务导入

依据任务一制定的校园内景观湖水质监测方案，完成采样点位水样的采集、运输和保存。以小组为单位，根据方案中选定的分析项目，查阅水质项目分析标准方法，严格按照标准要求实施项目的分析测定。按照水环境质量监测程序完成整个监测过程，并做出质量评价，编制监测报告。

知识学习

一、水样色度的测定

水的颜色与水的种类有关，清洁水在水层浅时应为无色，深层为浅蓝绿色。天然水中存在腐殖质、泥土、浮游生物、铁和锰等金属离子，均可使水体着色。生活污水和工业废水，如纺织、印染、造纸、食品、有机合成工业废水中，常含有大量的染料、生物色素和有色悬浮颗粒等，这些有色废水常给人以不愉快感，排入环境使水体着色，减弱水体透光性，影响水生生物的生长。

颜色是反映水体的外观指标。水的颜色可分为真色和表色。真色是指去除悬浮物后水的颜色，是由水中胶体物质和溶解性物质所造成的；表色是指没有去除悬浮物的水所具有的颜色。对于清洁水和浊度很低的水，真色和表色相接近；对于着色很深的工业废水，两者差别较大。

测定真色时，要先将水样静置澄清或离心分离取上层清液，也可用孔径为 0.45 μm 的滤膜过滤去除悬浮物，但不可以用滤纸过滤，因滤纸能吸收部分颜色。有些水样含有颗粒太细的有机物或无机物质，不能离心分离，只能测定表色，这时，需在结果报告上注明。

色度是衡量颜色深浅的指标。水的色度一般是指水的真色。常用的测定水的色度的方法有铂钴标准比色法、稀释倍数法和分光光度法。

(1)铂钴标准比色法。铂钴标准比色法是利用氯铂酸钾(K_2PtCl_6)和氯化钴($CoCl_2 \cdot 6H_2O$)配制成标准色列，与水样进行目视比色。

每升水中含有 1 mg 铂和 0.5 mg 钴时所具有的颜色,定为 1 度,作为标准色度单位。

铂钴标准比色法所配制成的标准色列,性质稳定,可较长时间存放。由于氯铂酸钾价格较高,可以用铬钴比色法代替,即将一定量重铬酸钾和硫酸钴溶于水中制成标准色列,进行目视比色确定水样色度。铬钴比色法所制成的标准色列保存时间比较短。

铂钴标准比色法适用于较清洁的、带有黄色调的天然水和饮用水的测定。

(2)稀释倍数法。稀释倍数法是将样品稀释至与水相比无视觉感官区别,用稀释后的总体积与原体积的比表达颜色的强度,单位为倍,结果以稀释倍数值表示。在报告样品色度的同时,报告颜色特征和 pH 值。

稀释倍数法适用于生活污水和工业废水色度的测定,测定方法参照《水质 色度的测定 稀释倍数法》(HJ 1182—2021)。

(3)分光光度法。采用分光光度法求出水样的三激励值:水样的色调(红、绿、黄等),以主波长表示;亮度,以明度表示;饱和度(柔和、浅淡等),以纯度表示。用主波长、色调、明度和纯度四个参数来表示该水样的颜色。近年来,某些行业用分光光度法检验排水水质。分光光度法适用于各种水样颜色的测定。

《水质 色度的测定 稀释倍数法》
(HJ 1182—2021)

以下介绍铂钴标准比色法测定水样的色度。

(一)试验目的

(1)掌握样品的采集和保存方法;
(2)掌握标准色列的配制及目视比色测定色度的方法。

(二)试验原理

该方法用氯铂酸钾与氯化钴配制成铂钴标准色列,再与水样进行目视比色,确定水样的色度,测定结果用度表示。

(三)仪器

50 mL 成套具塞比色管。

(四)试剂

铂钴标准溶液(铂钴色度为 500 度):称取 1.245 g 氯铂酸钾(K_2PtCl_6)及 1.000 g 氯化钴($CoCl_2 \cdot 6H_2O$),溶于 500 mL 水中,加入 100 mL HCl,定容到 1 000 mL,保存在密塞玻璃瓶中,放于暗处。

(五)试验操作方法

1. 配制标准色列

取 12 支比色管,分别加入相应体积的铂钴标准溶液,加纯水至刻度,摇匀。各管加入的铂钴标准溶液和铂钴色度值,见表 2-6。

表2-6 铂钴标准色列

比色管编号	1	2	3	4	5	6	7	8	9	10	11	12
标准溶液/mL	0	0.50	1.00	1.50	2.00	2.50	3.00	3.50	4.00	4.50	5.00	6.00
色度/度	0	5	10	15	20	25	30	35	40	45	50	60

2. 水样测定

取 50 mL 透明水样于比色管中,如水样浑浊应先进行离心,取上清液测定,将水样与标准色列进行目视比色。观察时,可将比色管置于白瓷板或白纸上,使光线从管底部向上透过液柱,目光自管口垂直向下观察,记下与水样色度相近的铂钴色度标准系列的色度。

如水样色度过高,可少取水样,加纯水稀释后比色,将结果乘以稀释倍数。

(六)结果计算

如果水样没有经过稀释,可直接报告与水样最接近标准色列的色度值。如果水样经过稀释,则按照下列公式进行计算:

$$A_0 = A_1 \times \frac{V_1}{V_0} \tag{2-5}$$

式中 A_0——水样的色度(度);

A_1——稀释后水样的色度(度);

V_1——水样稀释后的体积(mL);

V_0——取原水样的体积(mL)。

(七)注意事项

(1)如水样浑浊,则放置澄清,也可用离心法使之清澈,然后取上清液测定。如果样品中有泥土或其他分散很细的悬浮物,虽经预处理但得不到透明水样时,则只测"表观颜色"。但不能用滤纸过滤,用滤纸会吸收部分颜色。

(2)可用重铬酸钾代替氯铂酸钾配制铬钴标准色列。铬钴标准溶液(铬钴色度为500度):称取 0.043 7 g 重铬酸钾及 1.000 g 硫酸钴($CoSO_4 \cdot 6H_2O$),溶于少量水中,加入 0.5 mL H_2SO_4,定容到 500 mL,保存在密塞玻璃瓶中,放于暗处。

(3)比色时注意在白色背景下,自管口垂直向下观察。

二、水样总磷的测定

(一)试验目的

(1)掌握《水质 总磷的测定 钼酸铵分光光度法》(GB 11893—1989)测定水中磷的原理和方法;

(2)了解水样的预处理方法。

《水质 总磷的测定 钼酸铵分光光度法》
(GB 11893—1989)

(二)样品的采集与保存

总磷测定,水样采集后加硫酸酸化至 pH 值≤1 保存。溶解性正磷酸盐的测定,不加任何保存剂,置于 2 ℃~5 ℃冷处保存,在 24 h 内进行分析。

(三)方法选择

水中磷的测定,通常按其存在的形式分别测定总磷、溶解性正磷酸盐和总溶解性磷,采集的水样立即经 0.45 μm 微孔滤膜过滤,其滤液用于可溶性正磷酸盐的测定使用。滤液经强氧化剂的氧化分解,测得可溶性总磷,如图 2-9 所示。

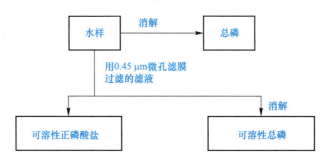

图 2-9　测定水中各种磷的流程

正磷酸盐的测定可采用离子色谱法、钼酸铵分光光度法、氯化亚锡还原钼蓝法(灵敏度较低,干扰也较多)、孔雀绿-磷钼杂多酸法(灵敏度较高,易普及)、罗丹明 6 G(Rh6 G)荧光分光光度法(灵敏度高)。

本试验采用《水质 总磷的测定 钼酸铵分光光度法》(GB 11893—1989)测定水样中总磷。标准规定了用过硫酸钾(或硝酸-高氯酸)为氧化剂,将未经过滤的水样消解,用钼酸铵分光光度法测定总磷的方法。

(四)水样的预处理

取混合水样(包括悬浮物),经下述强氧化剂分解后,测定水中总磷含量。

1. 过硫酸钾消解法

(1)仪器。

①医用手提式高压蒸汽消毒器或一般民用压力锅,1~1.4 kg/cm²。

②50 mL(磨口)具塞刻度管。

(2)试剂。5%过硫酸钾溶液:溶解 5 g 过硫酸钾于水中,并稀释至 100 mL。

(3)步骤。

①吸取 25.0 mL 混匀水样(必要时,酌情少取水样,并加水至 25 mL,使含磷量不超过 30 μg)于 50 mL 具塞刻度管中,加过硫酸钾溶液 4 mL,加塞后管口包一小块纱布并用线扎紧,以免加热时玻璃塞冲出。将具塞刻度管放在大烧杯中,置于高压蒸汽消毒器内加热,待锅内压力达 1.1 kg/cm²(相应温度为 120 ℃)时,保持 30 min 后停止加热,待压

力表指针降至零后，取出放冷。如溶液混浊，则用滤纸过滤，洗涤后定容。

②试剂空白和标准溶液系列也经同样的消解操作。

(4)注意事项。如采样时水样用酸固定，则用过硫酸钾消解前将水样调至中性。

2. 硝酸-高氯酸消解法

(1)仪器。可调温度电炉或电热板，125 mL锥形瓶。

(2)试剂。

①硝酸 $\rho=1.40$ g/mL。

②高氯酸(优级纯)：含量70%~72%。

③硫酸($1/2H_2SO_4$)：1 mol/L。

④氢氧化钠溶液：1 mol/L，6 mol/L。

⑤1%酚酞指示剂：0.5 g酚酞溶于95%乙醇稀释至50 mL。

(3)步骤。吸取25.0 mL水样置于锥形瓶中，加数粒玻璃珠，加2 mL硝酸，在电热板上加热浓缩至约10 mL，冷后加5 mL硝酸，再加热浓缩至约10 mL，放冷。加3 mL高氯酸，加热至冒白烟时，可在锥形瓶上加小漏斗或调节电热板温度，使消解液在锥形瓶内壁保持回流状态直至剩下3~4 mL，放冷，加水10 mL，加1滴酚酞指示剂，滴加氢氧化钠溶液至刚呈微红色，再滴加1 mol/L硫酸溶液使微红色正好褪去，充分混匀，移至50 mL比色管中。如溶液浑浊，可用滤纸过滤，并用水充分洗锥形瓶及滤纸，一并移入比色管中，稀释至标线，供分析用。

(4)注意事项。

①消解时需在通风橱中进行。

②视水样中有机物含量及干扰情况，硝酸和高氯酸用量可适当增减。

③高氯酸与有机物的混合物，经加热可能产生爆炸，应注意防止这种危险的产生。

(五)测定方法

1. 方法原理

在酸性条件下，正磷酸盐与钼酸铵反应，在锑盐存在下生成磷钼杂多酸后，被还原剂抗坏血酸还原，生成蓝色络合物。

2. 干扰及消除

砷含量大于2 mg/L有干扰，可用硫代硫酸钠除去；硫化物含量大于2 mg/L有干扰，在酸性条件下通氮气可以除去；六价铬大于50 mg/L有干扰，用亚硫酸钠除去；亚硝酸盐大于1 mg/L有干扰，用氧化消解或加氨磺酸均可以除去；铁浓度为20 mg/L，使结果偏低5%，铜浓度达10 mg/L不干扰，氟化物小于70 mg/L也不干扰；水中大多数常见离子对显色的影响可以忽略。

3. 方法的适用范围

取25 mL试料，本方法最低检出浓度为0.01 mg/L(吸光度A=0.01时所对应的浓度)；测定上限为0.6 mg/L。

本方法适用于测定地表水、生活污水及化工、磷肥、机加工金属表面磷化处理、农药、钢铁、焦化等行业的工业废水中的正磷酸盐分析。

4. 仪器

分光光度计。

5. 试剂

(1)(1+1)硫酸。

(2)抗坏血酸溶液(100 g/L)：溶解 10 g 抗坏血酸于水中，并稀释至 100 mL。该溶液贮存在棕色玻璃瓶中，在约 4 ℃可稳定几周。如颜色变黄，则弃去重配。

(3)钼酸盐溶液：溶解 13 g 钼酸铵[$(NH_4)_6Mo_7O_{24}\cdot 4H_2O$]于 100 mL 水中。溶解 0.35 g 酒石酸锑钾($KSbC_4H_4O_7\cdot 1/2H_2O$)于 100 mL 水中。在不断搅拌下，将钼酸铵溶液慢慢加到 300 mL(1+1)硫酸中，加酒石酸锑钾溶液并且混合均匀，贮存在棕色的玻璃瓶中于约 4 ℃保存，至少稳定两个月。

(4)浊度-色度补偿液：混合两份体积的(1+1)硫酸和一份体积的抗坏血酸溶液(100 g/L)。此溶液当天配制。

(5)磷酸盐贮备溶液：将优级纯磷酸二氢钾(KH_2PO_4)于 110 ℃干燥 2 h，在干燥器中放冷，称取 0.219 7 g 溶于水中，移入 1 000 mL 容量瓶中。加(1+1)硫酸 5 mL，用水稀释至标线。此溶液每毫升含 50.00 μg 磷(以 P 计)。

(6)磷酸盐标准溶液：吸取 10.00 mL 磷酸盐贮备溶液于 250 mL 容量瓶中，用水稀释至标线，此溶液每毫升含 2.00 μg 磷，临用时现配。

6. 测定步骤

(1)校准曲线的绘制。取数支 50 mL 具塞比色管，分别加入磷酸盐标准使用溶液 0 mL、0.50 mL、1.00 mL、3.00 mL、5.00 mL、10.0 mL、15.0 mL，加水至 50 mL。

①显色：向比色管中加入 1 mL 10%抗坏血酸溶液，混匀。30 s 后加 2 mL 钼酸盐溶液充分混匀，放置 15 min。

②测量：用 10 mm 或 30 mm 比色皿，于 700 nm 波长，以水做参比，测量吸光度。减去空白试验的吸光度和对应的磷含量绘制标准曲线。

(2)样品测定。取适量经消解的水样(含磷量不超过 30 μg)加入 50 mL 比色管中，用水稀释至标线。按上述绘制校准曲线的步骤进行显色和测量。

(六)结果计算

$$C=\frac{m}{V} \qquad (2\text{-}6)$$

式中　C——总磷含量(mg/L)；

　　　m——由校准曲线算得的磷量(μg)；

　　　V——水样体积(mL)。

(七)注意事项

(1)如试样中色度影响测量吸光度时，需做补偿校正。在 50 mL 比色管中，取与样品测定相同量的水样,定容后加入 3 mL 浊度补偿液,测量吸光度,然后从水样的吸光度中减去校正吸光度。

(2)室温低于 13 ℃时,可在 20 ℃~30 ℃水浴中显色 15 min。

(3)操作所用的玻璃器皿,可用(1+5)盐酸浸泡 2 h,或用不含磷酸盐的洗涤剂刷洗。

(4)比色皿使用后应以稀硝酸或铬酸洗液浸泡片刻,以除去吸附的钼蓝有色物。

三、水样化学需氧量的测定

(一)试验目的

(1)掌握《水质 化学需氧量的测定 重铬酸盐法》(HJ 828—2017)的基本原理;

(2)了解回流装置的安装和使用方法;

(3)掌握化学需氧量的测定方法。

《水质 化学需氧量的测定 重铬酸钾法》
(HJ 828—2017)

(二)测定方法(重铬酸盐法)

1. 方法原理

在强酸性溶液中,用一定量的重铬酸钾氧化水样中还原性物质,过量的重铬酸钾以试亚铁灵作指示剂,用硫酸亚铁铵溶液回滴。根据硫酸亚铁铵的用量算出水样中还原性物质消耗氧的量。

2. 干扰及消除

酸性重铬酸钾氧化性很强,可氧化大部分有机物,加入硫酸银作催化剂时,直链脂肪族化合物可完全被氧化,而芳香族有机物却不易被氧化,吡啶不被氧化,挥发性直链脂肪族化合物、苯等有机物存在于蒸气相,不能与氧化剂液体接触,氧化不明显。氯离子能被重铬酸盐氧化,并且能与硫酸银作用产生沉淀,影响测定结果,故在回流前向水样中加入硫酸汞,成为络合物以消除干扰。氯离子含量高于 1 000 mg/L 的样品应先做定量稀释,使含量降低至 1 000 mg/L 以下,再进行测定。

3. 方法的适用范围

用 0.25 mol/L 浓度的重铬酸钾溶液可测定大于 50 mg/L 的 COD 值,未经稀释水样的测定上限是 700 mg/L;用 0.025 mol/L 浓度的重铬酸钾溶液可测定 5~50 mg/L 的 COD 值,但低于 10 mg/L 时测量准确度较差。

4. 仪器

(1)回流装置:带 250 mL 锥形瓶的全玻璃回流装置(如取样量在 30 mL 以上,采用 500 mL 锥形瓶的全玻璃回流装置)。

(2)加热装置:电炉或其他等效消解装置。

(3)25 mL 或 50 mL 酸式滴定管。

(4)一般实验室常用仪器和设备。

5. 试剂

(1)重铬酸钾标准溶液 $c(1/6K_2Cr_2O_7)=0.2500$ mol/L：称取预先在 120 ℃烘干 2 h 的基准或优级纯重铬酸钾 12.258 g 溶于水中，移入 1 000 mL 容量瓶，稀释至标线，摇匀。

(2)重铬酸钾标准溶液 $c(1/6K_2Cr_2O_7)=0.0250$ mol/L：将上述试剂(1)稀释 10 倍。

(3)试亚铁灵指示液：称取 1.5 g 邻菲啰啉($C_{12}H_8N_2 \cdot H_2O$，1，10-Phenanthroline)、0.7 g 硫酸亚铁($FeSO_4 \cdot 7H_2O$)溶于水中，稀释至 100 mL，贮于棕色瓶内。

(4)硫酸亚铁铵标准溶液 $c[(NH_4)_2Fe(SO_4)_2 \cdot 6H_2O] \approx 0.05$ mol/L：称取 19.5 g 硫酸亚铁铵溶于水中，边搅拌边缓慢加入 10 mL 浓硫酸，冷却后加水稀释至 1 000 mL。临用前，用重铬酸钾标准溶液标定。

标定方法：准确吸取 5.00 mL 重铬酸钾标准溶液于 500 mL 锥形瓶中，加水稀释至 50 mL 左右，缓慢加入 15 mL 浓硫酸，混匀。冷却后，加入 3 滴试亚铁灵指示液(约为 0.15 mL)，用硫酸亚铁铵溶液滴定，溶液的颜色由黄色经蓝绿色至红褐色即终点。

$$c=\frac{5.00\times 0.250}{V} \tag{2-7}$$

式中 c——硫酸亚铁铵标准溶液的浓度(mol/L)；

V——硫酸亚铁铵标准滴定溶液的用量(mL)。

(5)硫酸亚铁铵标准溶液 $c[(NH_4)_2Fe(SO_4)_2 \cdot 6H_2O] \approx 0.005$ mol/L：将上述试剂(4)稀释 10 倍，用试剂(2)标定，标定方法和计算同上。每日临用前标定。

(6)硫酸-硫酸银溶液：于 1 000 mL 浓硫酸中加 10 g 硫酸银。放置 1~2 d，不时摇动。

(7)硫酸汞溶液：称取 10 g 硫酸汞，溶于 100 mL 硫酸溶液中，混匀。

(8)邻苯二甲酸氢钾标准溶液 $c(KHC_8H_4O_4)=2.0824$ mmol/L：称取 105 ℃干燥 2 h 的邻苯二甲酸氢钾 0.4251 g 溶于水中，并稀释至 1 000 mL，混匀。以重铬酸钾为氧化剂，将邻苯二甲酸氢钾完全氧化的 CODcr 值为 1.176 g 氧/克(即 1 g 邻苯二甲酸氢钾耗氧 1.176 g)，故该标准溶液的理论 CODcr 值为 500 mg/L。

6. 测定步骤

(1)取 10.00 mL 混合均匀的水样置于 250 mL 磨口的回流锥形瓶中，依次加入硫酸汞溶液[按质量比 $m(HgSO_4):m(Cl^-) \geqslant 20:1$ 的比例加入，最大加入量为 2 mL]、5.00 mL 重铬酸钾标准溶液[对于 CODcr≤50 mg/L 的样品，使用试剂(2)；CODcr>50 mg/L 的样品，使用试剂(1)]及数粒洗净的玻璃珠或沸石，连接磨口回流冷凝管，从冷凝管上端慢慢地加入15 mL 硫酸银-硫酸溶液，轻轻摇动锥形瓶使溶液混匀，加热回流 2 h(自开始沸腾时计时)。

(2)回流并冷却后，自冷凝管上端加入 45 mL 水冲洗冷凝管，取下锥形瓶。

(3)溶液冷却至室温后，加 3 滴试亚铁灵指示液，用硫酸亚铁铵标准溶液滴定[对于 CODcr≤50 mg/L 的样品，使用试剂(5)；CODcr>50 mg/L 的样品，使用试剂(4)]，溶液的颜色由黄色经蓝绿色至红褐色即终点，记录硫酸亚铁铵标准溶液的用量。

(4)在测定水样的同时，以 10.00 mL 试验用水，按同样操作步骤做空白试验。记录滴定空白时硫酸亚铁铵标准溶液的用量。

(三)结果计算

$$\text{CODcr} = \frac{(V_0 - V_1) \cdot c \times 8 \times 1\,000}{V} \tag{2-8}$$

式中　c——硫酸亚铁铵标准溶液的浓度(mol/L)；

　　　V_0——滴定空白时硫酸亚铁铵标准溶液用量(mL)；

　　　V_1——滴定水样时硫酸亚铁铵标准溶液用量(mL)；

　　　V——水样的体积(mL)；

　　　8——氧($1/4 O_2$)摩尔质量(g/mol)。

(四)注意事项

(1)CODcr 的测定结果小于 100 mg/L 时应保留至整数位，否则保留三位有效数字。
(2)回流冷凝管不能用软质乳胶管，否则容易老化、变形、冷却水不通畅。
(3)用手摸冷却水时不能有温感，否则测定结果偏低。
(4)滴定时不能激烈摇动锥形瓶，瓶内试液不能溅出水花，否则影响测定结果。

四、水样铁的测定

(一)试验目的

《水质 铁的测定
邻菲啰啉分光
光度法(试行)》
(HJ/T 345—2007)

(1)掌握《水质 铁的测定 邻菲啰啉分光光度法(试行)》(HJ/T 345—2007)测定水中铁的原理；
(2)掌握邻菲啰啉光度法测定水中铁的方法。

(二)水样的保存

测总铁时，应在采样后立刻用盐酸酸化至 pH 值<2 保存；测过滤性铁时，应在采样现场经0.45 μm 的滤膜过滤，滤液用盐酸酸化至 pH 值<2；测亚铁的样品时，最好在现场显色测定，或用邻菲啰啉分光光度法处理。

(三)方法选择

原子吸收法和等离子发射光谱法操作简单、快速，结果的精密度、准确度好，适用于环境水样和废水样的分析。邻菲啰啉分光光度法灵敏、可靠，适用于清洁环境水样和轻度污染水的分析。污染严重，含铁量高的废水，可用 EDTA 络合滴定法以避免高倍数稀释操作引起的误差。

本试验采用邻菲啰啉分光光度法。

(四)测定方法

1. 方法原理

亚铁离子在 pH 值为 3~9 的溶液中与邻菲啰啉生成稳定的橙红色络合物,此络合物在避光时可稳定半年。测量波长为 510 nm,其摩尔吸光系数为 1.1×10^4 L·mol^{-1}·cm^{-1}。若用还原剂(如盐酸羟胺)将高铁离子还原,则本方法可测高铁离子及总铁含量。

2. 干扰及消除

强氧化剂、氰化物、亚硝酸盐、焦磷酸盐、偏聚磷酸盐及某些重金属离子会干扰测定,经过加酸煮沸可将氰化物及亚硝酸盐除去,并使焦磷酸、偏聚磷酸盐转化为正磷酸盐以减轻干扰。加入盐酸羟胺则可消除强氧化剂的影响。

邻菲啰啉能与某些金属离子形成有色络合物而干扰测定。但在乙酸-乙酸铵的缓冲溶液中,不大于铁浓度 10 倍的铜、锌、钴、铬及小于 2 mg/L 的镍,不干扰测定,当浓度再高时,可加入过量显色剂予以消除。汞、镉、银等能与邻菲啰啉形成沉淀,若浓度低时,可加过量邻菲啰啉来消除,浓度高时,可将沉淀过滤除去。水样有底色,可用不加邻菲啰啉的试液做参比,对水样的底色进行校正。

3. 方法的适用范围

此方法适用于一般环境水和废水中铁的测定,最低检出浓度为 0.03 mg/L,测定上限为 5.00 mg/L。对铁离子大于 5.00 mg/L 的水样,可适当稀释后再按本方法进行测定。

4. 仪器

分光光度计,10 mm 比色皿。

5. 试剂

(1)盐酸(HCl):ρ=1.18 g/mL,优级纯。

(2)(1+3)盐酸。

(3)10%盐酸羟胺溶液。

(4)缓冲溶液:40 g 乙酸铵加 50 mL 冰乙酸用水稀释至 100 mL。

(5)0.5%邻菲啰啉(1,10-Phenanthroline)水溶液,加数滴盐酸帮助溶解。

(6)铁标准贮备液:准确称取 0.702 0 g 硫酸亚铁铵[$(NH_4)_2Fe(SO_4)_2·6H_2O$],溶于 50 mL(1+1)硫酸中,转移至 1 000 mL 容量瓶中,加水至标线,摇匀。此溶液每毫升含 100 μg 铁。

(7)铁标准使用液:准确移取铁标准贮备液 25.00 mL 于 100 mL 容量瓶中,加水至标线,摇匀。此溶液每毫升含 25.0 μg 铁。

6. 步骤

(1)校准曲线的绘制。依次移取铁标准使用液 0 mL、2.00 mL、4.00 mL、6.00 mL、8.00 mL、10.0 mL 于 150 mL 锥形瓶中,加入蒸馏水至 50.0 mL,再加(1+3)盐酸 1 mL、10%盐酸羟胺 1 mL、玻璃珠 1~2 粒。加热煮沸至溶液剩 15 mL 左右,冷却至室温,定量转移至 50 mL 具塞比色管中。加一小片刚果红试纸,加入饱和乙酸钠溶液至试纸刚刚变红，加入 5 mL 缓冲溶液、0.5% 邻菲啰啉溶液 2 mL，加水至标线，摇匀。显色 15 min 后，用 10 mm 比色皿，以水为参比，在 510 nm 处测量吸光度，用经空白校正的吸光度对铁的微克数作图。

（2）总铁的测定。采样后立即将样品用盐酸酸化至 pH 值<1，分析时取 50.0 mL 混匀水样于 150 mL 锥形瓶中，加（1+3）盐酸 1 mL、盐酸羟胺溶液 1 mL，加热煮沸至体积剩 15 mL 左右，以保证全部溶铁的溶解和还原。若仍有沉淀应过滤除去。以下按绘制校准曲线同样操作，测量吸光度并做空白校正。各批试剂的铁含量如不同，每新配一次试液，都需重新绘制校准曲线。

（3）亚铁的测定。采样时将 2 mL 盐酸放在一个 100 mL 具塞的水样瓶内，直接将水样注满样品瓶，塞好瓶塞以防氧化，一直保存到进行显色和测量时（最好现场测定或现场显色）。分析时只需取适量水样，直接加入缓冲液与邻菲啰啉溶液，显色 5~10 min，在 510 nm 处以水为参比测量吸光度，并做空白校正。

（4）可过滤铁的测定。在采样现场，用 0.45 μm 滤膜过滤水样，并立即用盐酸酸化过滤水至 pH 值<1，准确吸取样品 50 mL 置于 150 mL 锥形瓶中，以下操作与步骤（1）相同。

（五）结果计算

$$\rho = \frac{m}{V} \tag{2-9}$$

式中　ρ——样品中铁的质量浓度（mg/L）；
　　　m——由校准曲线计算出的铁量（μg）；
　　　V——水样体积（mL）。

（六）注意事项

（1）各批试剂的铁含量如不同，每新配一次试液，都需重新绘制校准曲线。
（2）含 CN^- 或 S^{2-} 离子的水样酸化时，必须小心进行，因为会产生有毒气体。
（3）若水样含铁量较高，可适当稀释；浓度低时可换用 30 mm 或 50 mm 的比色皿。

五、水样钴的测定

（一）试验目的

（1）掌握《水质　钴的测定　火焰原子吸收分光光度法》（HJ 957—2018）测定水中钴的原理；
（2）掌握火焰原子吸收分光光度法测定水中钴的方法。

（二）水样的保存

1. 可溶性钴

样品采集后应尽快用滤膜过滤，弃去初始滤液，收集所需体积的滤液于样品瓶中。

《水质　钴的测定　火焰原子吸收分光光度法》
（HJ 957—2018）

加入适量硝酸,酸化至 pH 值≤2,14 d 内测定。

2. 总钴

样品采集后立即加入适量硝酸,酸化至 pH 值≤2,14 d 内测定。

(三)测定方法

1. 方法原理

样品经过滤或消解后喷入贫燃性空气-乙炔火焰,在高温火焰中形成的钴基态原子对钴空心阴极灯或连续光源发射的 240.7 nm 特征谱线产生选择性吸收。在一定范围内其吸光度与钴的质量浓度成正比。

2. 干扰和消除

钴在灵敏线 240.7 nm 附近存在光谱干扰,选择窄的光谱通带进行测定可减少干扰。浓度大于等于 5% 的盐酸、磷酸、高氯酸对钴的测定产生正干扰;浓度大于等于 5% 的硫酸产生负干扰。消解后试样中高氯酸浓度控制在 2% 以下不影响钴的测定。当 Ca 元素浓度大于 200 mg/L、Ni 元素浓度大于 40 mg/L、Si 元素浓度大于 100 mg/L 时,对钴的测定产生负干扰。

3. 试剂和材料

(1)硝酸:$\rho(HNO_3)=1.42$ g/mL,优级纯。

(2)高氯酸:$\rho(HClO_4)=1.67$ g/mL,优级纯。

(3)硝酸溶液:1+1。

(4)硝酸溶液:1+99。

(5)钴:纯度≥99.99%,光谱纯。

(6)硝酸镧[$La(NO_3)_3$]或硝酸锶[$Sr(NO_3)_2$]。

(7)钴标准贮备液:$\rho(Co)=1\ 000$ mg/L。准确称取 1 g(精确至 0.000 1 g)钴,溶解于 10 mL 硝酸溶液(1+1)中,加热去除氮氧化物,冷却后转移至 1 000 mL 容量瓶中,并用水稀释定容至标线,混匀。转入聚乙烯瓶中密封,于 4 ℃ 以下冷藏,可保存 1 年。也可使用市售有证标准溶液。

(8)钴标准使用液:$\rho(Co)=50.0$ mg/L。准确移取 5.00 mL 钴标准贮备液于 100 mL 容量瓶中,用硝酸溶液(1+99)稀释定容至标线,混匀。转入聚乙烯瓶中密封,于 4 ℃ 以下冷藏,可保存 30 d。

(9)基体改进剂:硝酸镧溶液,$\rho(La)=20$ g/L;或硝酸锶溶液,$\rho(Sr)=20$ g/L。称取 4.7 g 硝酸镧或 4.9 g 硝酸锶,用少量水在烧杯中溶解后转移到 100 mL 容量瓶中,用水稀释定容至标线,混匀。

(10)燃气:乙炔,纯度≥99.6%。

(11)助燃气:空气,进入燃烧器前应除去其中的水、油和其他杂质。

(12)滤膜:孔径为 0.45 μm 的醋酸纤维或聚乙烯滤膜。

(13)定量滤纸。

4. 仪器和设备

(1)火焰原子吸收分光光度计。

(2)光源：钴空心阴极灯或波长 240.7 nm 的连续光源。

(3)可控温电加热板：温控范围为室温到 300 ℃，温控精度±5 ℃。

(4)样品瓶：500 mL，聚乙烯或相当材质。

(5)一般实验室常用仪器和设备。

5. 试样的制备

(1)可溶性钴试样。取可溶性钴样品置于 50 mL 比色管中，定容至标线，加入 0.60 mL 基体改进剂，混匀，待测。

(2)总钴试样。量取 50.0 mL 总钴样品置于 250 mL 玻璃烧杯中，加入 2.5 mL 硝酸(优纯级)，在可控温电加热板上加热消解，确保溶液不沸腾，至 5 mL 左右。再加入 2.5 mL 硝酸(优纯级)和 1 mL 高氯酸(优纯级)继续消解，至 1 mL 左右。必要时可重复加入硝酸和高氯酸的操作，直到消解完全。冷却后，加入 10 mL 硝酸溶液(1+99)，转移至 50 mL 比色管中(如有不溶残渣，先用定量滤纸过滤)，用硝酸溶液(1+99)定容至标线，然后加入 0.60 mL 基体改进剂，混匀，待测。

注意：①总钴试样的制备也可用微波消解法，按《水质 金属总量的消解 微波消解法》(HJ 678—2013)执行。

②总钴试样的制备也可采用其他消解体系，如 $HNO_3\text{-}H_2O_2$。

(3)空白试样的制备。用试验用水代替样品，按照与试样的制备相同的步骤，进行可溶性钴和总钴实验室空白试样的制备。

6. 仪器的测量条件

根据仪器操作说明书调节仪器至最佳工作状态。参考测量条件见表 2-7。

表 2-7　参考测量条件

波长/nm	光源	火焰类型	光谱通带/nm	灯电流/mA
240.7	钴空心阴极灯或连续光源	空气-乙炔(贫燃)乙炔流量 1.5 L/min，空气流量 15 L/min，助燃比 10∶1	0.2	12.5

7. 标准曲线的建立

分别移取 0 mL、0.20 mL、1.00 mL、2.00 mL、3.00 mL、4.00 mL、5.00 mL 钴标准使用液置于 50 mL 比色管中，用硝酸溶液(1+99)定容至标线，此标准系列浓度依次为 0 mg/L、0.20 mg/L、1.00 mg/L、2.00 mg/L、3.00 mg/L、4.00 mg/L、5.00 mg/L。然后加入 0.60 mL 基体改进剂，混匀。按照仪器的测量条件，从低浓度到高浓度依次测量吸光度。以钴的质量浓度(mg/L)为横坐标，以其对应的吸光度为纵坐标，建立标准曲线。

8. 试样测定

按照与标准曲线的建立相同的仪器测量条件进行试样的测定。如果测定结果超出标准曲线范围，应将试样用标准系列零浓度点溶液稀释后重新测定。

9. 空白试验

按照与试样测定相同的仪器测量条件进行实验室空白试样的测定。

(四)结果计算

样品中钴的质量浓度(mg/L),按照以下公式进行计算:

$$\rho = \frac{(\rho_1 - \rho_0) \times V_1}{V} \times D \tag{2-10}$$

式中 ρ——样品中可溶性钴或总钴的质量浓度(mg/L);

ρ_1——由标准曲线得到的试样中可溶性钴或总钴的质量浓度(mg/L);

ρ_0——由标准曲线得到的空白试样中可溶性钴或总钴的质量浓度(mg/L);

V_1——试样定容体积(mL);

V——取样体积(mL);

D——试样稀释倍数。

(五)注意事项

当测定结果小于 1 mg/L 时,保留小数点后两位;当测定结果大于或等于 1 mg/L 时,保留三位有效数字。

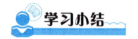
学习小结

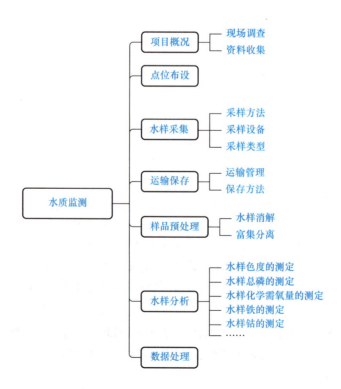

拓展知识

地表水水质自动监测系统

随着环境管理需求和监测技术的不断发展,自动监测已进入水环境质量监测领域,发挥了在时间和空间上连续监测的优势,弥补了手工监测的不足,在监测水质变化及变化趋势、实时掌握水质状况等方面发挥了重要作用,地表水水质自动监测已成为我国地表水环境监测中的一个重要组成部分。

我国从1999年开始实行水质自动监测,截至2018年2月,国控考核断面有近300个水质自动监测站,地方建设的水质自动监测站已超过1 000个。自动监测仪器由全部进口转变为进口组装、核心部件进口乃至实现了部分仪器全部国产化,监测项目也由原来的7项增加到《地表水环境质量标准》(GB 3838—2002)中表1规定的24项。随着自动监测技术的迅速发展,我国地表水监测将逐步建立以自动监测为主、手工监测为辅的监测模式。

地表水水质自动监测站是指完成地表水水质自动监测的现场部分。它一般由站房、采配水、控制、检测、数据传输等全部或者数个单元组成,简称水站。地表水水质自动监测数据平台是对水站进行远程监控、数据传输统计与应用的系统,简称数据平台。地表水水质自动监测系统是指由水站和数据平台组成的自动监测系统。《地表水自动监测技术规范(试行)》(HJ 915—2017)规定了地表水(海水除外)水质自动监测系统建设、验收、运行和管理等方面的技术要求。

1. 水站各单元

(1)采配水单元。采配水单元是保证整个系统正常运转、获取正确数据的关键部分,必须保证所提供的水样可靠、有效,包括采水单元、预处理单元和配水单元。采水单元包含采水方式、采水泵、采水管路铺设等。预处理单元为不同监测项目配备预处理装置,以满足分析仪器对水样的沉降时间和过滤精度等的要求。配水单元直接向自动监测仪器供水,其提供的水质、水压和水量均需满足自动监测仪器的要求。

(2)控制单元。控制单元是控制系统内各个单元协调工作的指挥中心。

(3)检测单元。检测单元是水质自动监测系统的核心部分,由满足各检测项目要求的自动监测仪器组成。仪器的选择原则为仪器测定精度满足水质分析要求且符合国家规定的分析方法要求。所选择的仪器配置合理,性能稳定;运行维护成本合理,维护量少,二次污染小。

(4)数据采集和传输单元。数据采集和传输单元要求能够按照分析周期自动执行,并实现远程控制、自动加密与备份。采集装置按照国家标准采用统一的通信协议,以有线或无线的方式实现数据及主要状态参数的传输。

2. 数据平台

数据平台是集数据与状态采集、处理和各类报表生成于一体的操作系统。其具备现场数据与主要状态参数的采集、现场系统及仪表的有条件反控、数据分析与管理、报表生成与上报、报警等业务功能。数据平台软件采用安全、稳定的数据传输方式,具有定期自动备份、自动分类报警和远程监控等功能,并具有可扩展性。

3. 国家水质自动监测综合监管平台

为落实国家生态环境质量监测事权上收工作,配合国家地表水自动监测网建设和运维服务工作,中国环境监测总站开展国家水质自动监测综合监管平台的开发和建设工作,将实现2 050个国家地表水自动监测站(国家新建水站、上收地方已建水站和国家原有水站)监测数据的采集、传输、存储与展示,对运维公司、人员、车辆等进行实时调度和综合评价,强化数据质量,实现数据溯源。该平台具有与历史数据、手工监测数据等其他多元数据兼容的功能,真正实现了水环境监测的大贯通、大融合。

1. 什么是水体、水体污染和水体污染物?
2. 水体污染可分为哪几种类型?
3. 根据地表水环境质量标准,我国地表水根据环境功能和保护目标不同,分为哪几类?分别适用于哪些功能水域?
4. 地面水监测断面的设置有何原则?
5. 工业废水采样点的设置有何原则?
6. 容器材质与水样之间有哪些相互作用?怎样选择水样储存容器?
7. 地面水样的采集有哪些主要方法?有哪些常用的水样采集器?
8. 废水样品的采集有哪些主要方法?
9. 水样的保存有哪些主要方法?
10. 水样预处理有什么目的?有哪些主要方法?
11. 监测人员应具备良好的标准意识和规范操作意识,能准确运用各类环境标准。请扫描下方二维码,学习通过生态环境部官网和手机App检索标准的两种方法,并尝试用上述方法准确检索现行地表水环境质量标准。

标准检索方法(一)

标准检索方法(二)

项目三 大气监测

学习目标

知识目标

1. 了解大气污染和大气环境标准;
2. 掌握空气监测项目的布点方法及采集方法;
3. 掌握 SO_2、NO_x、TSP 等常规污染指标的测定方法和原理;
4. 掌握监测结果的计算方法和评价。

技能目标

1. 能规范开展空气环境质量监测;
2. 能规范开展固定污染源废气监测;
3. 能正确开展室内环境质量监测。

素质目标

1. 具备标准意识和规范意识;
2. 具有良好的协作精神及严谨的工作作风;
3. 具备良好的劳动精神和职业素养。

任务一 空气环境质量监测

任务导入

本任务以小组为单位开展校园空气环境质量监测,首先对校园内空气污染源、地形、气象、功能分区、人口分布等情况进行现场调查和资料收集,查阅相关标准;然后出具包括项目概况、监测依据、采样点位、监测因子、分析方法、采样时间和频率、监测质量控制与质量保证等内容的校园空气环境质量监测方案;最后依据监测方案完成样品的采集、项目的测定和数据的处理,并对结果做出合理评价。

知识学习

一、大气污染与监测指标

(一)大气污染

大气是指包围在地球周围的气体,其厚度达 1 000~1 400 km。对人类及生物生存起着重要作用的是近地面约 10 km 内的气体层，通称这层气体为空气。空气的质量占大气质量的 95%，在环境污染领域中，通常"大气"和"空气"作为同义词使用。清洁干燥的空气主要组分是氮 78.6%、氧 20.95%、氩 0.93%。这三种气体的体积和约占总体积的 99.94%。

大气中有害物质浓度超过环境所能允许的极限并持续一定时间后，会改变大气特别是空气的正常组成，破坏自然的物理、化学和生态平衡体系，从而危害人们的生活、工作和健康，损害自然资源、财产及器物等，这种情况称为大气污染。

1. 大气污染对人和动物的危害

大气污染对人和动物的危害可分为急性作用和慢性作用。急性作用是指人体受到污染的空气侵袭后，在短时间内表现出不适或中毒症状的现象，如伦敦烟雾事件、洛杉矶光化学烟雾事件等；慢性作用是指人体在低污染物浓度的空气长期作用下产生的慢性危害。近年来，世界各国肺癌发病率和死亡率明显上升，特别是美、日、英等国近 30 年患呼吸道疾病的人数和死亡率不断增加，而且城市高于农村，虽然肺癌的病因至今不完全清楚，但大量事实证明空气污染是重要致病因素之一。

2. 大气污染对植物的危害

对植物的危害可分为急性、慢性和不可见性三种。急性危害可导致作物产量显著降低，甚至枯死；慢性危害可影响作物生长发育，但症状一般不明显；不可见危害只造成植物生理上的障碍，使植物生长受抑制，但从外观上一般看不出症状。欲判断大气污染对植物造成的慢性和不可见危害情况，需采用植物生产力、受害叶片内污染物分析等方法。

（二）大气污染物的分类

大气污染物种类很多，已发现有危害作用而被人们注意的有一百多种，其中大部分是有机物。大气污染物的分类方法很多，可按污染物的存在状态、来源、主要污染物的化学性质、污染物的形成过程及其他方法进行分类。

1. 根据大气污染物的存在状态分类

按大气污染物的存在状态可分为气体状态污染物和粒子状态污染物两大类。

(1) 气体状态污染物。某些物质如二氧化硫、氮氧化物、一氧化碳、氯化氢、氯气、卤素化合物、碳的氧化物、气态有机化合物、臭氧等沸点都很低，在常温、常压下以气体分子形式分散于大气中。还有些物质如苯、苯酚等，虽然在常温、常压下是液体或固体，但因其挥发性强，故能以蒸气态进入大气中。无论是气体分子还是蒸气分子，都具有运动速度较大、扩散快、在大气中分布比较均匀的特点。它们的扩散情况与自身的比重有关，比重大者向下沉降，如汞蒸气等；比重小者向上飘浮，并受气象条件的影响，可随气流扩散到很远的地方。

(2) 粒子状态污染物（或颗粒物）。根据颗粒物在重力作用下的沉降特性将其分为降尘和飘尘。空气动力学当量直径大于 100 μm 的颗粒物能较快地沉降到地面上，称为降尘，如水泥粉尘、金属粉尘、飞尘等一般颗粒大，比重也大，在重力作用下，易沉降，危害范围较小。空气动力学当量直径小于或等于 100 μm 的液体和固体颗粒，称为总悬浮颗粒物（TSP）。空气动力学当量直径小于或等于 10 μm 的液体和固体颗粒，称为 PM_{10} 或飘尘。它易随呼吸进入人体肺脏，通常沉积在呼吸道，因此也称可吸入颗粒物（IP）。空气动力学当量直径小于等于 2.5 μm 的液体和固体颗粒，称为 $PM_{2.5}$ 或细颗粒物。$PM_{2.5}$ 粒径小，易附带有毒、有害物质（如重金属、微生物等），可深入人体细支气管和肺泡，并可进入血液输往全身，对人体健康危害大，且在大气中的停留时间长、输送距离远，因而对人体健康和大气环境质量的影响更大。

2. 根据污染物形成的过程分类

按污染物形成的过程可分为一次污染物和二次污染物。

（1）一次污染物是指直接从污染源排放到大气中的有害物质，其物理和化学性质均未发生变化，又称原发性污染物。常见的一次污染物有二氧化硫、二氧化氮、一氧化碳、碳氢化合物、颗粒性物质等。

（2）二次污染物是一次污染物在大气中相互作用或它们与大气中的正常组分发生反应所产生的新污染物。这些新污染物与一次污染物的化学、物理性质完全不同，多为气溶胶，具有颗粒小、毒性一般比一次污染物大等特点。常见的二次污染物有硫酸盐、硝酸盐、臭氧、醛类、过氧乙酰硝酸酯（PAN）等。大气中的污染物质的存在状态是由其自身的理化性质及形成过程决定的，气象条件也起到一定的作用。目前，受普遍重视的二次污染物主要是硫酸雾和光化学烟雾。

（三）主要大气污染源及污染物

根据污染源在空间的几何形状可见污染源分为点源、线源、面源。例如，点源：燃烧化石燃料的发电厂和大城市的供暖锅炉；线源：汽车、火车、飞机等在公路、铁路、跑道或航空线附近构成的大气污染；面源：石油化工区或居民住宅区的众多小炉灶构成的大气污染。

按污染物来源可分为自然源和人为源两类。

1. 自然源

在未受人为污染的大气中，由自然原因产生的大气污染物，称为自然源。经扩散混匀后的污染物浓度即大气的自然背景值。比如火山爆发、森林火灾、地震、海啸等自然灾害形成的尘埃、硫、硫化氢、硫氧化物、氮氧化物、盐类及恶臭气体等。

2. 人为源

由于人类活动而产生的大气污染物，称为人为源。几乎所有的人类活动都能产生或多或少的大气污染物。人类的生产和生活活动形成的煤烟、尘、硫氧化物、氮氧化物等是造成大气污染的主要根源。人为源的主要来源可分为以下几项：

（1）交通污染源。在交通运输工具中，汽车数量最大，排放的污染物组分有碳氢化合物、乙炔、醛、氮氧化物、一氧化碳等，并且集中在城市，故对大气环境特别是城市大气环境影响大。在一些发达国家，汽车排气已成为一个严重的大气污染源，如美国的大气污染 80% 来自汽车的排气；在洛杉矶屡有发生的光化学烟雾就是汽车排气中的污染物与适宜的气象条件相结合的产物。

(2)工业污染源。在工业企业排放的废气中,排放量最大的是以煤和石油为燃料,在燃烧过程中排放的粉尘、SO_2、NO_x、CO、CO_2 等,其次是工业生产过程中排放的多种有机和无机污染物质。表 3-1 列出各类工业企业向大气中排放的主要污染物。

表 3-1 各类工业企业向大气中排放的主要污染物

部门	企业类别	排放的主要污染物
电力	火力发电厂	烟尘、SO_2、NO_x、CO、苯并(a)芘等
冶金	钢铁厂	烟尘、SO_2、CO、氧化铁尘、氧化锰尘、锰尘等
	有色金属冶炼厂	粉尘(Cu、Cd、Pd、Zn 等重金属)、SO_2 等
	焦化厂	烟尘、SO_2、CO、H_2S、酚、苯、萘、烃类等
化工	石油化工厂	SO_2、H_2S、NO_x、氰化物、氯化物、烃类等
	氮肥厂	烟尘、NO_x、CO、NH_3、硫酸气溶胶等
	磷肥厂	烟尘、氟化氢、硫酸气溶胶等
	氯碱厂	氯气、氯化氢、汞蒸气等
	化学纤维厂	烟尘、H_2S、NH_3、CS_2、甲醇、丙酮等
	硫酸厂	SO_2、NO_x、砷化物等
	合成橡胶厂	烯烃类、丙烯腈、二氯乙烷、二氯乙醚、乙硫醇、氯化甲烷等
	农药厂	砷化物、汞蒸气、氯气、农药等
	冰晶石厂	氟化氢等
机械	机械加工厂	烟尘等
制造	造纸厂	烟尘、硫醇、H_2S 等
	灯泡厂	烟尘、汞蒸气等
	仪表厂	汞蒸气、氰化物等
建材	水泥厂	水泥尘、烟尘等

(3)室内污染源。随着人们生活水平的提高,室内装修越来越复杂。加上现代化技术的发展,人们在室内活动的时间越来越长,生活在城市中的人 80% 以上的时间在室内度过。因此,近年来建筑物室内空气质量的监测在国内外越来越引起广泛的重视。一般室内污染物的浓度高于室外的污染物浓度的 2~5 倍。室内环境污染直接威胁着人们的身体健康。据医学调查,室内环境污染将提高呼吸道疾病的发病率,特别是咽喉和肺癌、白血病等发生率和死亡率上升。室内污染物的主要来源有建筑材料、装饰材料中的有机物,如苯、甲醛、挥发性有机物等;大理石、地砖材料中的放射性物质;人类活动引起的 CO_2 过高、霉菌、真菌和病毒过多等。

(四)大气污染物的时空分布特点

大气污染物与其他环境中的污染物相比,污染物具有随时间和空间变化大的特点。了解污染物的时空分布特点对监测布点具有实际的指导作用。

大气污染物的时空分布及其浓度变化与污染物排放源的分布、排放量及地形、地貌、气象等条件密切相关。同一污染源对同一地点在不同时间所造成的地面空气污染浓度往往相差数倍乃至数十倍；同一时间不同地点也相差甚大。我国北方地区冬季采暖，在1月、2月、11月、12月 SO_2 浓度比其他月份高；一天之内 6∶00—8∶00 和 18∶00—21∶00 为采暖高峰时间，SO_2 浓度高。就污染物的性质而言，质量轻的分子和气溶胶态的污染物易在空气中扩散、稀释，随时间变化快；质量重的尘、汞蒸气等扩散能力差，影响范围小。一次污染物和二次污染物在大气中的浓度由于受气象条件的影响，它们在一天内的变化也不同。一次污染物因受逆温层、气温、气压等的限制，在清晨和黄昏时浓度较高，中午即降低；而二次污染物如光化学烟雾等由于与太阳光的照射有关，故在中午时浓度增加，清晨和夜晚时降低。

(五)环境空气质量标准

《环境空气质量标准》(GB 3095—2012)适用于全国范围内的环境空气质量评价。请通过扫描二维码学习《环境空气质量标准》(GB 3095—2012)并掌握环境空气功能区分类及其质量要求。

《环境空气质量标准》(GB 3095—2012)

说明：生态环境部发布公告 2018 年第 29 号《关于发布〈环境空气质量标准〉(GB 3095—2012)修改单的公告》将《环境空气质量标准》(GB 3095—2012)中的"标准状态(standard state)指温度为 273 K、压力为 101.325 kPa 时的状态。本标准中的污染物浓度均为标准状态下的浓度"修改为"参比状态(reference state)指大气温度为 298.15 K，大气压力为 1 013.25 hPa 时的状态。本标准中的二氧化硫、二氧化氮、一氧化碳、臭氧、氮氧化物等气态污染物浓度为参比状态下的浓度。颗粒物（粒径小于等于 10 μm）、颗粒物（粒径小于等于 2.5 μm）、总悬浮颗粒物及其组分铅、苯并(a)芘等浓度为监测时大气温度和压力下的浓度"。

二、空气质量监测准备

1. 监测目的

(1)通过对环境空气中主要污染物质进行定期或连续地监测，判断空气质量是否符合《环境空气质量标准》(GB 3095—2012)或环境规划目标的要求，为空气质量状况评价提供依据。

(2)为研究空气质量的变化规律和发展趋势，开展空气污染的预测预报，以及研究污染物迁移转化情况提供基础资料。

(3)为政府环保部门执行环境保护法规，开展空气质量管理及修订空气质量标准提供依据和基础资料。

2. 基础资料收集和现场调查

污染源分布及排放情况：弄清楚污染源类型、数量、位置、排放的主要污染物及排放量、所用原料、燃料及消耗量等。

气象资料：要收集监测区域的风速、风向、气温、气压、降水量、日照时间、相对湿度、温度的垂直梯度和逆温层底部高度等资料,以了解其对污染物在大气中的扩散、输送及变化情况的影响。

地形资料:地形对当地的风向、风速和大气稳定情况等有影响,在设置监测网点时,地形是应考虑的重要因素,地形越复杂,监测点布设越多。

土地利用和功能分区情况:不同功能区的污染状况是不同的,如工业区、商业区、居民区、混合区等污染状况各不相同。这也是设置监测网点时应考虑的重要因素。

人口分布及人群健康情况:掌握监测区域的人口分布、居民和动植物受大气污染危害情况及流行性疾病等资料,对制定监测方案、分析判断监测结果是有益的。

另外,对于监测区域以往的空气监测资料等也应尽量收集,以供制定监测方案参考。

在资料收集的基础上,进行现场的实地踏勘,充分了解监测范围内道路、交通、电源等实际情况,为空气监测提供科学、实用的依据。

3. 监测项目

空气中的污染物质多种多样,应根据监测空间范围内实际情况和优先监测原则确定监测项目,并同步观测有关气象参数。根据我国《环境空气质量标准》(GB 3095—2012)和《环境空气质量监测点位布设技术规范(试行)》(HJ 664—2013)的规定,监测项目分为两种:必测项目为二氧化硫、二氧化氮、一氧化碳、臭氧、PM_{10}、$PM_{2.5}$;其他选测项目为 TSP、氮氧化物、铅、苯并(a)芘。

三、布点方法

1. 采样点布设的原则

采样点布设的总体原则可概括为代表性、整体性、前瞻性、稳定性。具体表现在以下几个方面:

(1)采样点应设在整个监测区域的高、中、低三种不同污染物浓度的地方。

(2)在污染源比较集中、主导风向比较明显的情况下,应将污染源的下风向作为主要监测范围,布设较多的采样点;上风向布设少量点作为对照。

(3)工业较密集的城区和工矿区、人口密度及污染物超标地区,要适当增设采样点;城市郊区和农村、人口密度小及污染物浓度低的地区,可酌情少设采样点。

(4)采样点的周围应开阔,采样口水平线与周围建筑物高度的夹角应不大于30°。测点周围无局部污染源,并应避开树木及吸附能力较强的建筑物。交通密集区的采样点应设在距人行道边缘至少1.5 m远处。

(5)各采样点的设置条件要尽可能一致或标准化,使获得的监测数据具有可比性。

(6)采样高度应根据监测目的而定。研究大气污染对人体的危害,采样口应在离地面1.5~2 m处;研究大气污染对植物或器物的影响,采样口高度应与植物或器物高度相近。连续采样例行监测采样口高度应距地面3~15 m;SO_2、NO_x、TSP、硫酸盐化速率的采样高度以5~10 m为宜;降尘的采样高度以8~12 m为宜;若置于屋顶采样,采样口应与基础面有1.5 m以上的相对高度,以减小扬尘的影响。特殊地形地区可视实际情况选择采样高度。

2. 布点方法及数目

(1)功能区布点法。按功能区划分布点法多用于区域性常规监测。先将监测区域划分为工业区、商业区、居住区、工业和居住混合区、交通稠密区、清洁区等，再根据具体污染情况和人力、物力条件，在各功能区设置一定数量的采样点。各功能区的采样点数不要求平均，一般在污染较集中的工业区和人口较密集的居住区多设采样点。

(2)网格布点法(图3-1)。网格布点法是将监测区域地面划分成若干均匀网状方格，采样点设在两条直线的交点处或方格中心。网格大小视污染源强度、人口分布及人力、物力条件等确定。若主导风向明显，下风向监测点多设一些，一般占采样点总数的60%。对于有多个污染源，且污染源分布较均匀的地区多采用网格布点法。

(3)同心圆布点法(图3-2)。同心圆布点法主要用于多个污染源构成污染群，且大污染源较集中的地区。先找出污染群的中心，以此为圆心在地面上画若干个同心圆，再从圆心作若干条放射线，将放射线与圆周的交点作为采样点。不同圆周上的采样点数目不一定相等或均匀分布，常年主导风向的下风向比上风向多设一些点。例如，同心圆的半径分别取 5 km、10 km、15 km、20 km，从里向外在圆周上分别设 4、8、8、4 个采样点。

(4)扇形布点法(图3-3)。扇形布点法适用于孤立的高架点源，且主导风向明显的地区。以点源为顶点，呈45°扇形展开，夹角可大些，但不能超过90°，采样点设在扇形平面内距点源不同距离的若干弧线上。每条弧线上设3~4个采样点，相邻两点与顶点连线的夹角一般取10°~20°。在上风向应设对照点。采用同心圆和扇形布点法时，应考虑高架点源排放污染物的扩散特点。在不计污染物本底浓度时，点源脚下的污染物浓度为零，污染物浓度随着距离增加，很快出现浓度最大值，然后按指数规律下降。因此，同心圆或弧线不宜等距离划分，而是靠近最大浓度值的地方密一些，以免漏测最大浓度的位置。至于污染物最大浓度出现的位置，与源高、气象条件和地面状况密切相关。

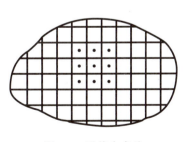
图 3-1 网格布点法

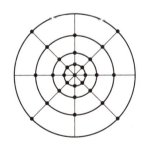
图 3-2 同心圆布点法

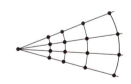
图 3-3 扇形布点法

(5)平行布点法。平行布点法适用于线性污染源。对于公路等线性污染，一般在距公路两侧 1 m 左右布设监测网点，然后在距公路 100 m 左右的距离布设与前面监测点对应的监测点，目的是了解污染物经过扩散后对环境产生的影响。在前后两点对比采样的时候注意污染物组分的变化。

在实际工作中,为做到因地制宜,使采样网点布设得完善合理,往往采用以一种布点方法为主、兼用其他方法的综合布点法。

在一个监测区域内,采样点设置数目是与经济投资和精度要求相应的一个效益函数,应根据监测范围大小、污染物的空间分布特征、人口分布及密度、气象、地形及经济条件等因素综合考虑确定。环境空气质量评价城市点的最小监测点位数量应符合表 3-2 的要求。按建成区城市人口和建成区面积确定的最小监测点位数不同时,取两者中较大值。

表 3-2 环境空气质量评价城市点设置数量要求

建成区城市人口/万人	建成区面积/km²	最小监测点数
<25	<20	1
25~50	25~50	2
50~100	50~100	4
100~200	100~200	6
200~300	200~400	8
>300	>400	每 50~60 km² 建成区面积设 1 个监测点,并且不少于 10 点

四、大气采样方法和技术

根据大气污染物的存在状态、浓度、物理、化学性质的特点,选择相应的采样方法和监测技术对大气进行监测。大气样品的采集方法可归纳为直接采样法和富集(浓缩)采样法两类。

(一)直接采样法

当空气中的被测组分浓度较高或监测方法灵敏度高时,直接采集少量气样即可满足监测分析要求。例如,用紫外荧光法测定空气中的二氧化硫、用气相色谱测定空气中的甲醛等都可用直接采样法,测得的结果是瞬时浓度或短时间内的平均浓度,能较快地测得结果。常用的采样容器有注射器、塑料袋、采气管、采气瓶等。

1. 注射器采样

常用 100 mL 注射器采集有机蒸气样品。采样时,先用现场气体抽洗 3 次,然后抽取 100 mL 气体,密封进气口,带回实验室分析。样品存放时间不宜过长,一般需当天分析完毕。

2. 塑料袋采样

用塑料袋采集现场气体,取样量以塑料袋略呈正压为宜,选择塑料袋时应注意,选择与气样中污染组分既不发生化学反应,也不吸附、不渗漏的塑料袋。常用的塑料袋有聚四氟乙烯袋、聚乙烯袋及聚酯袋等。为减少对被测组分的吸附,可在袋的内壁衬银、铝等金属膜。采样时,先用二联球打进现场气体冲洗 3 次,再充满气样,夹封进气口,带回尽快分析。

3. 采气管采样

采气管是两端具有旋塞的管式玻璃容器,其容积为 100～500 mL。采样时,打开两端旋塞,将二联球或抽气泵接在管的一端,迅速抽进比采气管容积大 6～10 倍的欲采气体,使采气管中原有气体被完全置换出,关上两端旋塞,采气体积即采气管的容积。

4. 采气瓶采样

采气瓶是一种用耐压玻璃制成的固定容器,其容积为 500～1 000 mL。采样前,先用抽真空装置将采气瓶内抽至剩余压力达 1.33 kPa 左右。例如,瓶内预先装入吸收液,可抽至溶液冒泡为止,关闭旋塞。采样时,打开旋塞,被采空气即充入瓶内,关闭旋塞,则采样体积为真空采气瓶的容积。如果采气瓶内真空度达不到 1.33 kPa,实际采样体积应根据剩余压力进行计算。

当用闭口压力计测量剩余压力时,现场状况下的采样体积按下式计算:

$$V = V_0 \times \frac{P - P_B}{P} \tag{3-1}$$

式中　V——现场状况下的采样体积(L);

　　　V_0——真空采气瓶容积(L);

　　　P——大气压力(kPa);

　　　P_B——闭管压力计读数(kPa)。

(二)富集(浓缩)采样法

大气中的污染物质浓度一般都比较低,直接采样法往往不能满足分析方法检测限的要求,故需要用富集采样法对大气中的污染物进行浓缩。富集采样时间一般比较长,测得的结果代表采样时段的平均浓度,更能反映大气污染的真实情况。这类采样方法有溶液吸收法、填充柱阻留法、滤料过滤法、低温冷凝法、静电沉降法、扩散法及自然积集法等。

1. 溶液吸收法

溶液吸收法是采集大气中气态、蒸气态及某些气溶胶态污染物质的常用方法。采样时,用抽气装置将欲测大气以一定流量抽入装有吸收液的吸收管或吸收瓶。采样结束后,倒出吸收液进行测定,根据测得的结果及采样体积计算空气中污染物的浓度。

溶液吸收法的吸收效率主要取决于吸收速率和样气与吸收液的接触面积。若要提高吸收速率,则必须根据被吸收污染物的性质选择效能好的吸收液。常用的吸收液有水溶液和有机溶剂等。按照吸收原理可分为两种类型:一种是物理吸收,即气体分子溶解于溶液中,如用水吸收空气中的氯化氢、用 10% 乙醇吸收甲苯等;另一种是化学吸收,即发生化学反应,如用氢氧化钾溶液吸收空气中的硫化氢。理论和实践证明,伴有化学反应的吸收液的吸收速度比单靠溶解作用的吸收液吸收速度快得多。因此，除采集溶解度非常大的气态物质外，一般都选用伴有化学反应的吸收液。

选择吸收液的原则：①吸收液与被采集的污染物质发生化学反应快或对其溶解度大；②污染物质被吸收液吸收后，要有足够的稳定时间，以满足分析测定所需时间的要求；③污染物质被吸收后，应有利于下一步分析测定，最好能直接用于测定；④吸收液毒性小、价格低、易于购买，且方便回收利用。

增大被采气体与吸收液接触面积的有效措施是减小采气气泡的体积、选用结构适宜的吸收装置。下面介绍几种常用吸收装置：

(1) 气泡吸收管[图3-4(a)]。气泡吸收管可装 5～10 mL 吸收液，采样流量为 0.5～2.0 L/min，适用于采集气态和蒸气态物质。对于气溶胶态物质，因不能像气态分子那样快速扩散到气液界面上，故吸收效率差。

(2) 冲击式吸收管[图3-4(b)]。冲击式吸收管有小型(装 5～10 mL 吸收液，采样流量为 3.0 L/min)和大型(装 50～100 mL吸收液，采样流量为 30 L/min)两种规格，适合采集气溶胶态物质。因为该吸收管的进气管喷嘴孔径小，距瓶底又很近，当被采气样快速从喷嘴喷出冲向管底时，气溶胶颗粒因惯性作用冲击到管底被分散，从而易被吸收液吸收。冲击式吸收管不适合采集气态和蒸气态物质，因为气体分子的质量小，在快速抽气情况下，容易随大气一起跑掉。

(3) 多孔筛板吸收管(瓶)[图3-4(c)]。多孔筛板吸收管有小型(装 10～30 mL 吸收液，采样流量为 0.5～2.0 L/min)和大型(装 50～100 mL 吸收液，采样流量为 30 L/min)两种。气样通过吸收管(瓶)的筛板后，被分散成很小的气泡，且阻留时间长，大大增加了气液接触面积，从而提高了吸收效果。它们可以采集气态、蒸气态物质和气溶胶态物质。

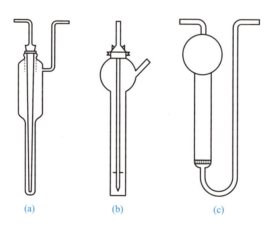

图 3-4 气体吸收管

(a)气泡吸收管；(b)冲击式吸收管；(c)多孔筛板吸收管

2. 填充柱阻留法

填充柱是用一根长为 6～10 cm、内径为 3～5 mm 的玻璃管或塑料管，内装颗粒状或纤维状填充剂制成的。采样时，让气样以一定流速通过填充柱，则欲测组分因吸附、溶解或化学反应等作用被阻留在填充剂上，达到浓缩采样的目的。采样后，通过解析或溶剂洗脱，使被测组分从填充剂上释放出来进行测定。根据填充剂阻留作用的原理可分为吸附型填充柱、分配型填充柱和反应型填充柱三种类型。

(1)吸附型填充柱。吸附型填充柱的填充剂是颗粒状固体吸附剂，如活性炭、硅胶、分子筛、高分子多孔微球等多孔性物质，它们具有较大的比表面积和较强的吸附能力，对气体和蒸气分子有较强的吸附性。吸附的机理有两种：一种是由于分子间引力引起的物理吸附；另一种是由于剩余价键力引起的化学吸附。一般来说，极性吸附剂对极性化合物有较强的吸附能力；非极性吸附剂对非极性化合物有较强的吸附能力。吸附能力越强，采样效率越高，但这往往会给解析带来困难。因此，在选择吸附剂时，既要考虑吸附效率，又要考虑解析两个方面的因素。

(2)分配型填充柱。分配型填充柱的填充剂是由表面涂高沸点有机溶剂(如异十三烷)的惰性多孔颗粒物(如硅藻土)制成的。表面涂高沸点有机溶剂类似于气液色谱柱中的固定液，惰性多孔颗粒物类似于气液色谱柱中担体，只是有机溶剂的用量比色谱用量大。当被采集气样通过填充柱时，在有机溶剂(固定液)中分配系数大的组分保留在填充剂上而被富集。

(3)反应型填充柱。反应型填充柱的填充剂是由惰性多孔颗粒物(如石英砂、玻璃微球等)或纤维状物(如滤纸、玻璃棉等)表面涂渍能与被测组分发生化学反应的试剂制成的。也可以用能和被测组分发生化学反应的纯金属(如 Au、Ag、Cu 等)丝毛或细粒作填充剂。当气样通过填充柱时，被测组分在填充剂表面因发生化学反应而被阻留。采样后，将反应产物用适宜溶剂洗脱或加热吹气而解析下来进行分析。反应型填充柱采样量和采样速度都比较大，富集物稳定，对气态、蒸气态和气溶胶态物质都有较高的富集效率。

3. 滤料过滤法

滤料过滤法是将过滤材料(滤纸或滤膜等)放在采样夹上，用抽气装置抽气，则大气中的颗粒物被阻留在滤料上，称量滤料上富集的颗粒物质量，根据采样体积，即可计算出大气中颗粒物的浓度。

滤料采集大气中颗粒物的机理有直接阻截、惯性碰撞、扩散沉降、静电引力和重力沉降等。滤料的采集效率除与自身性质有关外，还与采样速度、颗粒物的大小等因素有关。高速采样，以惯性碰撞作用为主，对较大颗粒物的采集效率高；低速采样，以扩散沉降为主，对细小颗粒物的采集效率也高。

常用的滤料有筛孔状滤料，如微孔滤膜、核孔滤膜、银薄膜等；纤维状滤料，如滤纸、玻璃纤维滤膜、过氯乙烯滤膜等。滤纸的孔隙不规则且较少，适用于金属尘粒的采集。因滤纸吸水性较强，不宜用于重量法测定颗粒物浓度。微孔滤膜是由硝酸(或醋酸)纤维素制成的多孔性薄膜，孔径细小、均匀，重量轻，金属杂质含量极微，溶于多种有机溶剂，尤其适用于采集分析金属的气溶胶。核孔滤膜是将聚碳酸酯薄膜覆盖在铀箔上，用中子流轰击，使铀核分裂产生的碎片穿过薄膜形成微孔，再经化学腐蚀处理制成的。这种膜薄而光滑，机械强度好，孔径均匀，不亲水，适用于精密的质量分析，但因微孔呈圆柱状，采样效率较微孔滤膜低。银薄膜由微细的银粒烧结制成，具有与微孔滤膜相似的结构，它能耐 400 ℃ 高温，抗化学腐蚀性强，适用于采集酸、碱气溶胶及含煤焦油、沥青等挥发性有机物的气样。

颗粒物采样器如图 3-5 所示。

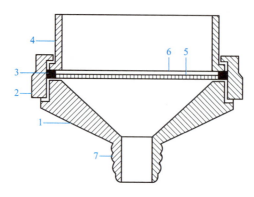

图 3-5　颗粒物采样器

1—底座；2—紧固圈；3—密封圈；4—接座圈；
5—支撑网；6—滤膜；7—抽气接口

4. 低温冷凝法

低温冷凝法是将 U 形或蛇形采样管插入冷阱中，当空气流经采样管时，被测组分因冷凝而凝结在采样管底部。低温冷凝法适合大气中某些沸点比较低的气态污染物质，如烯烃类、醛类等，在常温下用固体填充剂等方法富集效果不好，而低温冷凝法可提高采集效率。常用制冷剂有冰-盐水（－10 ℃）、干冰-乙醇（－72 ℃）、干冰（－78.5 ℃）、液氧（－183 ℃）、液氮（－196 ℃）等。

低温冷凝法具有效果好、采样量大、利于组分稳定等优点，但也存在干扰组分，如水蒸气、二氧化碳，甚至氧也会同时冷凝下来干扰测定。为此，应在采样管的进气端装置选择性过滤器(内装过氯酸镁、碱石棉、氯化钙等)，以除去空气中的水蒸气和二氧化碳等。但所用干燥剂和净化剂不能与被测组分发生作用，以免引起被测组分损失。

低温冷凝采样装置如图 3-6 所示。

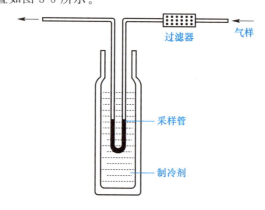

图 3-6　低温冷凝采样装置

5. 静电沉降法

大气样品通过 12 000～20 000 V 电场时，气体分子被电离，所产生的离子附着在气溶胶颗粒上，使颗粒带电，并在电场作用下沉降到收集极上，然后将收集极表面的沉降物收集，供分析使用。这种采样方法不能用于易燃、易爆的气体。

6. 扩散法

扩散法采样时不需要抽气动力，而是利用被测污染物质分子自身扩散或渗透到达吸收层（吸收剂、吸附剂或反应性材料）被吸附或吸收，又称无动力采样法。这种采样器体积小、轻便，可以佩戴在人身上，跟踪人的活动，用作人体接触有害物质量的监测。该方法适用于个体采样器，采集气态和蒸气态有害物质。

7. 自然积集法

自然积集法是利用物质的自然重力、气体动力和浓差扩散作用采集大气中的被测物质，如自然降尘量、硫酸盐化速率、氟化物等大气样品的采集。采样不需动力设备，简单易行，且采样时间长，测定结果能较好地反映大气污染情况。下面以降尘试样采集为例进行具体讲解。

采集大气中降尘的方法可分为湿法和干法两种。其中，湿法应用更为普遍。湿法采样是在一定大小的圆筒形玻璃（或塑料、瓷、不锈钢）缸中加入一定量的水，放置在距地面 5～12 m，附近无高大建筑物及局部污染源的地方，采样口距基础面 1～1.5 m，以避免基础面扬尘的影响。我国集尘缸的尺寸为内径(15±0.5)cm、高 30 cm，一般加水 100～300 mL。冬季，为防止冰冻，保持缸底湿润，需加入适量乙二醇。夏季，为抑制微生物及藻类的生长，需加入适量硫酸铜。采样时间为(30±2)天，多雨季节注意及时更换集尘缸，防止水满溢出。干法采样一般使用标准集尘器。夏季也需加除藻剂。我国干法采样用的集尘缸，在缸底放入塑料圆环，圆环上再放置塑料筛板。

标准采样器如图 3-7 所示，干法采样集尘缸如图 3-8 所示。

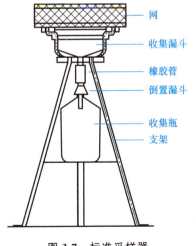

图 3-7　标准采样器

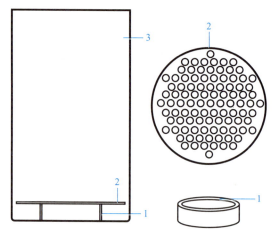

图 3-8 干法采样集尘缸

1—圆环；2—筛板；3—集尘缸

(三)有动力大气采样仪器

1. 有动力大气采样仪器的组成

有动力大气采样仪器主要由收集器、流量计和采样动力三部分组成。

(1)收集器。收集器是捕集大气中欲测污染物的装置。例如，前面介绍的气体吸收管(瓶)、填充柱、滤料、冷凝采样管等都是收集器，需根据被捕集物质的存在状态、理化性质等选用。

(2)流量计。流量计是测量气体流量的仪器，而流量是计算采气体积的参数。常用的流量计有皂沫流量计、孔口流量计、转子流量计和临界孔稳流计等。

①皂沫流量计是一根标有体积刻度的玻璃管，管的下端有一支管和装满肥皂水的橡皮球，当挤压橡皮球时，肥皂水液面上升，由支管进来的气体便吹起皂膜，并在玻璃管内缓慢上升，准确记录通过一定体积气体所需时间，即可得知流量。这种流量计常用于校正其他仪器流量的测量，在很宽的流量范围内，误差皆小于1%。

②孔口流量计[图 3-9(a)]有隔板式和毛细管式两种。当气体通过隔板或毛细管小孔时，因阻力而产生压力差，气体流量越大，阻力越大，产生的压力差也越大，由下部的U形管两侧的液柱差可直接读出气体的流量。

③转子流量计由一个上粗下细的锥形玻璃管和一个金属制转子组成[图 3-9(b)]。当气体由玻璃管下端进入时，由于转子下端的环形孔隙截面面积小于转子上端的环形孔隙截面面积，所以转子下端气体的流速大于上端的流速，下端的压力大于上端的压力，使转子上升，直到上、下两端压力差与转子的质量相等时，转子停止不动。气体流量越大，转子升得越高，可直接从转子上升的位置读出流量。当空气湿度大时，需在进气口前连接一个干燥管，否则，转子吸附水分后质量增加，影响测量结果。

④临界孔稳流计是一根长度一定的毛细管，当空气流通过毛细孔时，如果两端维持足够的压力差，则通过小孔的气流就能保持恒定，此时为临界状态流量，其大小取

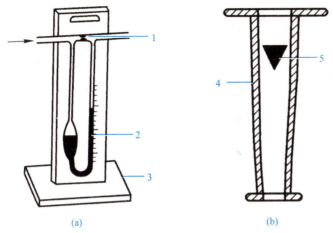

图 3-9　流量计
(a)孔口流量计；(b)转子流量计
1—隔板；2—液柱；3—支架；4—锥形玻璃管；5—转子

决于毛细管孔径大小。这种流量计使用方便，广泛用于空气采样器和自动监测仪器以控制流量。

(3)采样动力。采样动力为抽气装置，要根据所需采样流量、收集器类型及采样点的条件进行选择，并要求其抽气流量稳定、连续运行能力强、噪声小和能满足抽气速度要求。

注射器、连续抽气筒、二联球等手动采样动力适用于采气量小的情况。对于采样时间较长和采样速度要求较快的场合，需要使用电动抽气泵，如薄膜泵、电磁泵、刮板泵及真空泵等。

薄膜泵的工作原理：用微电机通过偏心轮带动夹持在泵体上的橡皮膜进行抽气。当电机转动时，橡皮膜就不断地上下移动；上移时，空气经过进气活门吸入，出气活门关闭；下移时，进气活门关闭，空气由出气活门排出。薄膜泵是一种轻便的抽气泵，采气流量为 0.5~3.0 L/min，广泛用于空气采样器和空气自动分析仪器。

电磁泵是一种将电磁能量直接转换成被输送流体能量的小型抽气泵。其工作原理：由于电磁力的作用，使振动杆带动橡皮泵室作往复振动，不断地开启或关闭泵室内的膜瓣，使泵室内造成一定的真空或压力，从而起到抽吸和压送气体的作用，其抽气流量为 0.5~1.0 L/min。这种泵不用电机驱动，克服了电机电刷易磨损、线圈发热等缺点，提高了连续运行能力，广泛用于抽气阻力不大的采样器和自动分析仪器。

2. 专用采样仪器

将收集器、流量计、抽气泵及气样预处理、流量调节、自动定时控制等部件组装在一起，就构成专用采样仪器。市场上有多种型号的商品空气采样器出售，如图 3-10 所示，按其用途可分为空气采样器、颗粒物采样器和综合采样器。

(1)空气采样器。空气采样器用于采集空气中气态和蒸气态物质，采样流量为 0.5~2.0 L/min，一般可用交、直流两种电源供电。其工作原理如图 3-11 所示。

图 3-10 颗粒物/气态污染物综合采样器

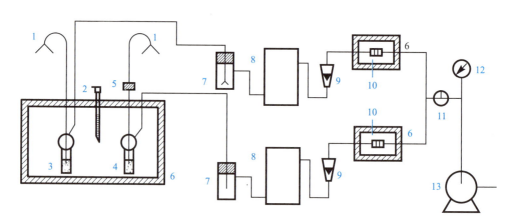

图 3-11 空气采样器工作原理

1—进气口；2—温度计；3—二氧化硫吸收瓶；4—氮氧化物吸收瓶；
5—三氧化铬-沙子氧化管；6—恒温装置；7—滤水阱；8—干燥器；
9—转子流量计；10—尘过滤膜及限流孔；11—三通阀门；12—真空表；13—泵

(2)颗粒物采样器。颗粒物采样器有总悬浮颗粒物(TSP)采样器和可吸入颗粒物(PM_{10})采样器。

①总悬浮颗粒物采样器。总悬浮颗粒物采样器按其采气流量可分为大流量(1.1～1.7 m³/min)、中流量(50～150 L/min)和小流量(10～15 L/min)三种类型。

其中，大流量采样器由滤料采样夹、抽气风机、流量记录仪、计时器及控制系统、壳体等组成。滤料夹可安装 20 cm×25 cm 的玻璃纤维滤膜，以 1.1~1.7 m³/min 流量采样 8~24 h。当采气量达 1 500~2 000 m³ 时，样品滤膜可用于测定颗粒物中的金属、无机盐及有机污染物等组分。中流量采样器由采样夹、流量计、采样管及采样泵等组成。这种采样器的工作原理与大流量采样器相同，只是采样夹面积和采样流量比大流量采样器小。我国规定采样夹有效直径为 80 mm 或 100 mm。当用有效直径为 80 mm 的滤膜采样时，采气流量控制在 7.2~9.6 m³/h；用有效直径为 100 mm 的滤膜采样时，流量控制在 11.3~15 m³/h。

②可吸入颗粒物采样器。可吸入颗粒物（PM_{10}）广泛使用大流量采样器。在连续自动监测仪器中，可采用静电捕集法、β 射线吸收法或光散射法直接测定 PM_{10} 浓度。但无论哪种采样器都装有分离粒径大于 10 μm 颗粒物的装置（称为分尘器或切割器）。分尘器有旋风式、向心式、撞击式等多种。它们又可分为二级式和多级式。前者用于采集粒径 10 μm 以下的颗粒物；后者可分级采集不同粒径的颗粒物，用于测定颗粒物的粒度分布。

五、环境空气 PM_{10} 和 $PM_{2.5}$ 的测定

（一）试验目的

(1) 掌握《环境空气 PM_{10} 和 $PM_{2.5}$ 的测定 重量法》（HJ 618—2011）的测定技术规范要点；
(2) 能规范采集环境空气中的 PM_{10} 和 $PM_{2.5}$；
(3) 能准确分析测定环境空气中的 PM_{10} 和 $PM_{2.5}$。

《环境空气 PM_{10} 和 $PM_{2.5}$ 的测定 重量法》（HJ 618—2011）

（二）试验原理

分别通过具有一定切割特性的采样器，以恒速抽取定量体积空气，使环境空气中 $PM_{2.5}$ 和 PM_{10} 被截留在已知质量的滤膜上，根据采样前后滤膜的重量差和采样体积，计算出 $PM_{2.5}$ 和 PM_{10} 浓度。方法的检测限为 0.010 mg/m³（以感量 0.1 mg 分析天平，样品负载量为 1.0 mg，采集 108 m³ 空气样品计）。

DL-6200 型颗粒物采样器操作

（三）试验仪器和试剂

1. 切割器、采样系统

PM_{10} 切割器、采样系统：切割粒径 $Da_{50}=(10\pm0.5)$ μm；捕集效率的几何标准差：$\sigma_g=(1.5\pm0.1)$ μm。其他性能和技术指标应符合《环境空气颗粒物（PM_{10} 和 $PM_{2.5}$）采样器技术要求及检测方法》（HJ 93—2013）的规定。

$PM_{2.5}$ 切割器、采样系统：切割粒径 $Da_{50}=(2.5\pm0.2)$ μm；捕集效率的几何标准差：

$\sigma_g=(1.2\pm0.1)\mu m$。其他性能和技术指标应符合《环境空气颗粒物($PM_{10}$和$PM_{2.5}$)采样器技术要求及检测方法》(HJ 93—2013)的规定。

2. 采样器孔口流量计

(1)大流量流量计：量程(0.8～1.4)m^3/min；误差≤2%。

(2)中流量流量计：量程(60～125)L/min；误差≤2%。

(3)小流量流量计：量程<30 L/min；误差≤2%。

3. 滤膜

根据样品采集目的可选用玻璃纤维滤膜、石英滤膜等无机滤膜或聚氯乙烯、聚丙烯、混合纤维素等有机滤膜。滤膜对0.3 μm标准粒子的截留效率不低于99%。

4. 分析天平

感量0.1 mg或0.01 mg。

5. 恒温恒湿箱(室)

箱(室)内空气温度要求在15 ℃～30 ℃范围内可调，控制精度±1 ℃；箱(室)内相对湿度应控制在(50 ± 5)%，恒温恒湿箱(室)可连续工作。

6. 干燥器

内盛变色硅胶。

(四)试验操作过程

1. 仪器校准和准备滤膜

新购置或维修后的采样器在启用前需进行流量校准；正常使用的采样器每月进行一次校准。

将滤膜放在恒温恒湿箱中平衡24 h后，记下平衡温度及湿度，用感量为0.1 mg或0.01 mg的分析天平称量滤膜，同一滤膜在恒温恒湿箱(室)中相同条件下再平衡1 h后称重，对于PM_{10}和$PM_{2.5}$颗粒物样品滤膜，两次质量之差分别小于0.4 mg或0.04 mg为满足恒重要求。称至恒重后记下滤膜质量w_1(g)，放入干燥器中备用。

2. 采样

采样时，采样器入口距地面高度不得低于1.5 m。采样不宜在风速大于8 m/s等天气条件下进行。采样点应避开污染源及障碍物。如果测定交通枢纽处PM_{10}和$PM_{2.5}$，采样点应布置在距人行道边缘外侧1 m处。采用间断采样方式测定日平均浓度时，其次数不应少于4次，累积采样时间不应少于18 h。

采样时，将已称重的滤膜用镊子放入清洁采样夹内的滤网上，滤膜毛面应朝进气方向。将滤膜牢固压紧至不漏气。如果测定任何一次浓度，每次需更换滤膜；如测日平均浓度，样品可采集在一张滤膜上。采样结束后，用镊子取出，将有尘面两次对折，放入样品盒或纸袋，并做好采样记录。环境空气采样原始记录见表3-3。

表3-3 环境空气采样原始记录

项目名称：　　　　　　任务编号：　　　　　　采样点名称：　　　　　　采样日期：
采样器型号、名称：　　　采样器编号：　　　　　天气状况：

监测项目	样品编号	采样时间		环境气温/℃	环境气压/kPa	相对湿度/%	风向/度	风速/(m·s^{-1})	累积采样时间/min	采样流量/(L·min^{-1})	实际采样体积/L	方法依据	备注
		起始时间	终止时间										
样品现场处理情况													

采样人员：　　　　　　　　记录人员：　　　　　　　　校核人员：
记录时间：　　　　　　　　校核时间：

3. 分析测定

将采样后的滤膜置于恒温恒湿箱中，用准备滤膜时相同的温度和湿度平衡24 h后，用同一台分析天平称量滤膜至恒重，记录滤膜质量 w_2(g)。颗粒物浓度分析原始记录见表3-4。

表3-4 颗粒物浓度分析原始记录

项目名称：　　　　　任务编号：　　　　　天平名称、型号：　　　　编号：　　　　最低检出限：_____
分析方法：重量法　　　收样日期：　　　　　分析日期：

序号	滤膜编号	滤膜质量/g				实际采样体积V/m³	浓度ρ/(mg·m^{-3})	备注
		采样前 w_1	采样后 w_2	差值 w_0	颗粒物质量 w			

分析人员：　　　　　　　　　　　　　　　　　　　审核人员：
审核时间：

(五)结果计算

PM_{10} 和 $PM_{2.5}$ 浓度按下式计算：

$$\rho = w \times 1\,000/V = (w_2 - w_1) \times 1\,000/V \tag{3-2}$$

式中 ρ——PM_{10} 或 $PM_{2.5}$ 浓度(mg/m^3)；

w——颗粒物质量(g)；

V——实际采样体积(m^3)。

实际采样体积(监测时大气温度和压力下的采样体积)计算方法如下：

$$V = Q \times t \tag{3-3}$$

式中 V——实际采样体积(L)；

Q——实际采样流量(L/min)；

t——采样时间(min)。

(六)注意事项

(1)滤膜使用前均需进行检查，不得有针孔或任何缺陷。滤膜称量时要消除静电的影响。

(2)取清洁滤膜若干张，在恒温恒湿箱(室)内按平衡条件平衡24 h，称重。每张滤膜非连续称量10次以上，求每张滤膜的平均值为该张滤膜的原始质量。以上述滤膜作为"标准滤膜"。每次称滤膜的同时，称量两张"标准滤膜"。若标准滤膜称出的质量在原始质量±5 mg(大流量)、±0.5 mg(中流量和小流量)范围内，则认为该批样品滤膜称量合格，数据可用。否则应检查称量条件是否符合要求并重新称量该批样品滤膜。

(3)当 PM_{10} 或 $PM_{2.5}$ 含量很低时，采样时间不能过短。对于感量为 0.1 mg 和 0.01 mg 的分析天平，滤膜上颗粒物负载量应分别大于 1 mg 和 0.1 mg，以减少称量误差。

(4)采样前后，滤膜称量应使用同一台分析天平。

六、空气中二氧化硫的测定

(一)试验目的

(1)掌握《环境空气 二氧化硫的测定 甲醛吸收-副玫瑰苯胺分光光度法》(HJ 482—2009)测定环境空气中二氧化硫含量的原理和方法；

(2)熟练掌握滴定操作；

(3)掌握采样仪器和分光光度计的操作。

《环境空气 二氧化硫的测定 甲醛吸收-副玫瑰苯胺分光光度法》(HJ 482—2009)

(二)试验原理

二氧化硫被甲醛缓冲溶液吸收后，生成稳定的羟基甲磺酸加成化合物，在样品溶液中加入氢氧化钠使加成化合物分解，释放出的二氧化硫与副玫瑰苯胺、甲醛作用，生成紫红色化合物。根据颜色深浅，用分光光度法测定。

当使用 10 mL 吸收液，采样体积为 30 L 时，测定空气中二氧化硫的检出限为 0.007 mg/m³，测定下限为 0.028 mg/m³，测定上限为 0.667 mg/m³；当使用 50 mL 吸收液，采样体积为 288 L，试份为 10 mL 时，测定空气中二氧化硫的检出限为 0.004 mg/m³，测定下限为 0.014 mg/m³，测定上限为 0.347 mg/m³。

(三)仪器

分光光度计、多孔玻板吸收管(短时间采样选用 10 mL 多孔玻板吸收管；24 h 连续采样选用 50 mL 多孔玻板吸收管)、恒温水浴装置(0 ℃～40 ℃，控制精度为±1 ℃)、具塞比色管(10 mL)、空气采样器；一般实验室采用的仪器。

(四)试剂

(1)蒸馏水：去除氧化剂重蒸馏水。

(2)环己二胺四乙酸二钠溶液(CDTA-2Na)，$C=0.050$ mol/L：称取 1.82 g 反式 1,2-环己二胺四乙酸(tans-1,2-Cyclohexylene dinitrilo tetraacetic acid，简称 CDTA)，加入 1.50 mol/L 氢氧化钠溶液 6.5 mL，溶解后用水稀释至 100 mL。

(3)甲醛缓冲吸收贮备液：吸取 36%～38% 甲醛 5.5 mL，0.050 mol/L CDTA-2Na 溶液 20.0 mL；称取 2.04 g 邻苯二甲酸氢钾，溶解于少量水中；将三种溶液合并，用水稀释至 100 mL，贮于冰箱，可保存一年。

(4)甲醛缓冲吸收液：用水将甲醛缓冲吸收贮备液稀释 100 倍。临用时现配。

(5)氨磺酸钠溶液，$\rho=6.0$ g/L：称取 0.60 g 氨磺酸置于 100 mL 烧杯中，加入 1.50 mol/L 氢氧化钠溶液 4.0 mL，用水搅拌至完全溶解后稀释至 100 mL，摇匀。此溶液密封可保存 10 d。

(6)碘贮备液，$C(1/2 I_2)=0.10$ mol/L：称取 12.7 g 碘(I_2)于烧杯中，加入 40 g 碘化钾和 25 mL 水，搅拌至完全溶解后，用水稀释至 1 000 mL，贮于棕色细口瓶中。

(7)碘溶液，$C(1/2 I_2)=0.050$ mol/L：量取碘贮备液 250 mL，用水稀释至 500 mL，贮于棕色细口瓶中。

(8)0.5% 淀粉溶液：称取 0.5 g 可溶性淀粉，用少量水调成糊状(可加 0.2 g 二氯化锌防腐)慢慢倒入 100 mL 沸水中，继续煮沸至溶液澄清，冷却后贮于细口瓶中。

(9)碘酸钾基准溶液，$C(1/6 KIO_3)=0.100\ 0$ mol/L：准确称取 3.566 7 g 碘酸钾(KIO_3，优级纯，105 ℃～110 ℃干燥 2 h)，溶解于水中，移入 1 000 mL 容量瓶中，用水稀释至标线，摇匀。

(10)盐酸溶液，$C=1.2$ mol/L：量取 100 mL 浓盐酸，用水稀释至 1 000 mL。

(11)碘化钾(固体)。

(12)硫代硫酸钠贮备液，$C(Na_2S_2O_3)=0.10$ mol/L：称取 25.0 g 硫代硫酸钠($Na_2S_2O_3 \cdot 5H_2O$)，溶解于 1 000 mL 新煮沸并已冷却的水中，加入 0.20 g 无水碳酸钠，贮于棕色细口瓶中，放置一周后标定其浓度。当溶液呈现浑浊时，应该过滤。

标定方法：吸取 0.100 0 mol/L KIO_3 溶液 20.00 mL，置于 250 mL 碘量瓶中，加入 70 mL 新煮沸并已冷却的水，加入 1 g 碘化钾，振摇至完全溶解后，加入 1.2 mol/L 盐酸溶液 10 mL，立即盖好瓶塞，摇匀。于暗处放置 5 min 后，用 0.10 mol/L 硫代硫酸钠贮备溶液滴定至淡黄色，加入 0.5% 淀粉溶液 2 mL，继续滴定至蓝色刚好褪去，记录消耗体积(V)，按下式计算硫代硫酸钠贮备溶液的浓度：

$$c(Na_2S_2O_3)=\frac{0.100\ 0\times 20.00}{V} \tag{3-4}$$

式中　$c(Na_2S_2O_3)$——硫代硫酸钠贮备溶液的浓度(mol/L)；

　　　V——滴定消耗硫代硫酸钠溶液体积(mL)。

(13)硫代硫酸钠标准溶液，$c(Na_2S_2O_3)=0.05$ mol/L：取标定后的 0.10 mol/L 硫代硫酸钠贮备溶液 250.0 mL，置于 500 mL 容量瓶中，用新煮沸并已冷却的水稀释至标线，摇匀，贮于棕色细口瓶中。

(14)乙二胺四乙酸二钠盐(EDTA-2Na)溶液，$\rho=0.5$ g/L：称取 0.25 g 乙二胺四乙酸二钠盐溶于 500 mL 新煮沸但已冷却的水中。临用时现配。

(15)亚硫酸钠溶液，$\rho=1$ g/L：称取 0.2 g 亚硫酸钠(Na_2SO_3)溶解于 200 mL EDTA-2Na 溶液($\rho=0.5$ g/L)中，缓慢摇匀使其溶解，放置 2～3 h 后标定。此溶液每毫升相当于含 320～400 μg 二氧化硫。

标定方法：吸取上述亚硫酸钠溶液 20.00 mL，置于 250 mL 碘量瓶中，加入新煮沸并已冷却的水 50 mL、0.05 mol/L 碘溶液 20.00 mL 及冰醋酸 1.0 mL，盖塞，摇匀。于暗处放置 5 min，用 0.05 mol/L 硫代硫酸钠标准溶液滴定至淡黄色，加入 0.5% 淀粉溶液 2 mL，继续滴定至蓝色刚好褪去，记录消耗体积(V)。

另取配制亚硫酸钠溶液所用的 0.05% EDTA-2Na 溶液 20 mL，同时进行空白滴定，记录消耗量(V_0)。

平行滴定所用硫代硫酸钠标准溶液体积之差应不大于 0.04 mL，取平均值计算浓度：

$$\rho(SO_2,\ \mu g/mL)=\frac{(V_0-V)\times c(Na_2S_2O_3)\times 32.02}{20.00}\times 1\ 000 \tag{3-5}$$

式中　V_0——滴定空白溶液所消耗的硫代硫酸钠标准溶液体积(mL)；

　　　V——滴定亚硫酸钠溶液所消耗的硫代硫酸钠标准溶液体积(mL)；

　　　$c(Na_2S_2O_3)$——硫代硫酸钠标准溶液浓度(mol/L)；

　　　32.02——相当于 1 L 1 mol/L 硫代硫酸钠标准溶液($Na_2S_2O_3$)的二氧化硫(1/2 SO_2)的质量(g)。

标定出准确浓度后，立即用甲醛缓冲吸收液稀释成每毫升含 10.00 μg 二氧化硫的标准贮备溶液(贮于冰箱，可保存 3 个月)。

使用时，用甲醛缓冲吸收液稀释为每毫升含 1.00 μg 二氧化硫的标准使用液(贮于冰箱，可保存 1 个月)。

(16)0.05% 盐酸副玫瑰苯胺(PRA)使用液：吸取经提纯的 0.25% PRA 贮备溶液 20.00 mL(或 0.20% PRA 贮备液 25.00 mL)，移入 100 mL 容量瓶中，加入 85% 浓磷酸 30 mL、浓盐酸 10.0 mL，用水稀释至标线，摇匀，放置过夜后使用。此溶液避光密封保存，可使用 9 个月。

(17)氢氧化钠溶液，$c(NaOH)=1.50$ mol/L：称取 6.0 g NaOH，溶于 100 mL 水中。

(18)盐酸-乙醇清洗液：由三份(1＋4)盐酸和一份 95％乙醇混合配制而成，用于清洗比色管和比色皿。

(五)试验操作方法

1. 校准曲线的绘制

取 16 支 10 mL 具塞比色管，分为 A、B 两组，每组 7 支，分别对应编号。A 组按表 3-5 配制标准系列。

表 3-5　二氧化硫标准系列

管号	0	1	2	3	4	5	6
二氧化硫标准使用溶液/mL	0	0.50	1.00	2.00	5.00	8.00	10.0
甲醛缓冲吸收液/mL	10.0	9.50	9.00	8.00	5.00	2.00	0
二氧化硫含量/[μg·(10 mL)$^{-1}$]	0	0.50	1.00	2.00	5.00	8.00	10.0

在 A 组各管中分别加入 6.0 g/L 氨磺酸钠溶液 0.5 mL 和 1.50 mol/L 氢氧化钠溶液 0.50 mL，混匀。

在 B 组各管中分别加入 0.05％盐酸副玫瑰苯胺(PRA)使用液 1.00 mL。

将 A 组各管的溶液迅速地全部倒入对应编号并盛有盐酸副玫瑰苯胺(PRA)溶液的 B 管中，立即加塞混匀后放入恒温水浴装置中显色。在波长为 577 nm 处，用 10 mm 比色皿，以水为参比测量吸光度。以空白校正后各管的吸光度为纵坐标，以二氧化硫的质量浓度(μg/10 mL)为横坐标，用最小二乘法建立校准曲线的回归方程。

$$y=bx+a \tag{3-6}$$

式中　y——标准溶液吸光度(A)与试剂空白溶液吸光度(A_0)之差；

　　　x——二氧化硫含量(μg/10 mL)；

　　　a——回归方程式的截距，$a\leqslant 0.005$；

　　　b——回归方程式的斜率，$b=0.042\pm 0.004$。

相关系数 $r\geqslant 0.999$。

显色温度与室温之差应不超过 3 ℃。根据季节和环境条件按表 3-6 选择合适的显色温度与显色时间。

表 3-6　显色温度与显色时间

显色温度/℃	10	15	20	25	30
显色时间/min	40	25	20	15	5
稳定时间/min	35	25	20	15	10
试剂空白吸光度 A_0	0.030	0.035	0.040	0.050	0.060

2. 样品采集与测定

(1)样品采集与保存。

①短时间采样：采用内装 10 mL 甲醛缓冲吸收液的多孔玻板吸收管，以 0.5 L/min 的流量采气 45～60 min。吸收液温度保持在 23 ℃～29 ℃ 范围内。

②24 h 连续采样：采用内装 50 mL 甲醛缓冲吸收液的多孔玻板吸收管，以 0.2 L/min 的流量连续采样 24 h。吸收液温度保持在 23 ℃～29 ℃ 范围内。

③现场空白：将装有甲醛缓冲吸收液的采样管带到采样现场，除不采气外，其他环境条件与样品相同。

样品采集、运输和贮存过程中应避免阳光照射。

(2)样品测定。

①样品溶液中如有混浊物，则应离心分离除去。

②样品放置 20 min，以使臭氧分解。

③短时间采集的样品：将吸收管中的样品溶液移入 10 mL 比色管中，用少量甲醛缓冲吸收液洗涤吸收管，洗液并入比色管中并稀释至标线。加入 6.0 g/L 氨磺酸钠溶液 0.5 mL，混匀，放置 10 min 以除去氮氧化物的干扰，以下步骤同校准曲线的绘制。

④连续 24 h 采集的样品：将吸收瓶中样品移入 50 mL 容量瓶(或比色管)中，用少量甲醛缓冲吸收液洗涤吸收瓶后再倒入容量瓶(或比色管)中，并用吸收液稀释至标线。吸取适当体积的试样(视浓度高低而决定取 2～10 mL)于 10 mL 比色管中，再用吸收液稀释至标线，加入 6.0 g/L 氨磺酸钠溶液 0.5 mL，混匀，放置 10 min 以除去氮氧化物的干扰，以下步骤同校准曲线的绘制。

(六)结果计算

空气中二氧化硫的质量浓度，按下式计算：

$$\rho_{SO_2}(mg/m^3) = \frac{(A - A_0 - a)}{b \times V_r} \times \frac{V_t}{V_a} \tag{3-7}$$

式中　A——样品溶液的吸光度；

　　　A_0——试剂空白溶液的吸光度；

　　　b——校准曲线的斜率，吸光度(μg)，$b = 0.042 \pm 0.004$；

　　　a——校准曲线的截距，一般要求 $a \leqslant 0.005$；

　　　V_t——样品溶液的总体积(mL)；

　　　V_a——测定时所取试样的体积(mL)；

　　　V_r——换算成参比状态(1 013.25 hPa，298.15 K)下的采样体积(L)。

计算结果准确到小数点后三位。

参比状态下的采样体积计算公式如下：

$$V_r = Q_r \times t = Q \times t \times \frac{P \times 298.15}{1\,013.25 \times T} \tag{3-8}$$

式中　V_r——参比状态(298.15 K，1 013.25 hPa)下的采样体积(L)；

Q_r——参比状态下的采样流量(L/min)；

t——采样时间(min)；

Q——实际采样流量(L/min)；

P——采样时的环境大气压(hPa)；

T——采样时的环境温度(K)。

(七)干扰及消除

本测定方法的主要干扰物为氮氧化物、臭氧及某些重金属元素。采样后放置一段时间可使臭氧自行分解；加入氨磺酸钠溶液可消除氮氧化物的干扰；吸收液中加入磷酸及环己二胺四乙酸二钠盐可以消除或减少某些金属离子的干扰。当 10 mL 样品溶液中含有 10 μg 二价锰离子时，可使样品的吸光度降低 27%。

(八)说明及注意事项

(1)显色温度、显色时间的选择及操作时间的掌握是本次试验成败的关键。应根据实验室条件、不同季节的室温选择适宜的显色温度及显色时间。

(2)测定吸光度时，操作应准确、敏捷。不要超过颜色稳定时间，以免测定结果偏低。

(3)显色反应需在酸性溶液中进行，故应将 A 管中溶液倒入 B 管中(强酸性的)，如果按一般的操作顺序，将 PRA 液加到碱性的 A 管溶液中，测定精度很差。

(4)PRA 纯度对试剂空白液的吸光度影响很大。

(5)具塞比色管、试管用(1+1)盐酸溶液洗涤，比色皿用(1+4)盐酸液加 1/3 体积乙醇的混合液洗涤。用过的比色皿、比色管应及时用酸洗涤，否则红色难于洗净。

(6)当 $y=A-A_0$ 时，零点(0，0)应参加回归计算，$n=7$。

(7)采样时吸收液的温度在 23 ℃～29 ℃时，吸收效率为 100%；在 10 ℃～15 ℃时，吸收效率偏低 5%；高于 33 ℃或低于 9 ℃时，吸收效率偏低 10%。

(8)每批样品至少测定 2 个现场空白。

(9)当空气中二氧化硫浓度高于测定上限时，可以适当减少采样体积或者减少试料的体积。

(10)如果样品溶液的吸光度超过校准曲线的上限，可用试剂空白液稀释，在数分钟内再测定吸光度，但稀释倍数不要大于 6。

(11)测定样品时的温度与绘制校准曲线时的温度之差不应超过 2 ℃。

七、环境空气氮氧化物的测定

(一)试验目的

(1)掌握《环境空气 氮氧化物(一氧化氮和二氧化氮)的测定 盐酸萘乙二胺分光光度法》(HJ 479—2009)测定环境空气中氮氧化物(一氧化氮和二氧化氮)含量的原理和方法；

《环境空气 氮氧化物(一氧化氮和二氧化氮)的测定 盐酸萘乙二胺分光光度法》(HJ 479—2009)

(2)熟练掌握采样仪器和分光光度计的操作。

(二)试验原理

空气中的二氧化氮被串联的第一支吸收瓶中的吸收液吸收并反应生成粉红色偶氮染料。空气中的一氧化氮不与吸收液反应，通过氧化管时被酸性高锰酸钾溶液氧化为二氧化氮，被串联的第二支吸收瓶中的吸收液吸收并反应生成粉红色偶氮染料。生成的偶氮染料在波长为540 nm处的吸光度与二氧化氮的含量成正比。分别测定第一支和第二支吸收瓶中样品的吸光度，计算两支吸收瓶内二氧化氮和一氧化氮的质量浓度，二者之和即氮氧化物的质量浓度(以二氧化氮计)。

本方法的检出限为 0.12 μg/10 mL。当吸收液总体积为 10 mL、采样体积为 24 L 时，空气中氮氧化物的检出限为 0.015 mg/m^3；当吸收液总体积为 50 mL、采样体积 288 L 时，空气中氮氧化物的检出限为 0.003 mg/m^3。本方法测定环境空气中氮氧化物的测定范围为 0.020~2.5 mg/m^3。

(三)仪器

分光光度计、多孔玻板吸收管(可装 10 mL、25 mL 或 50 mL 吸收液)、氧化瓶(可装 5 mL、10 mL 或 50 mL 酸性高锰酸钾溶液的洗气瓶)、具塞比色管(10 mL)、空气采样器；一般实验室采用的仪器。

(四)试剂

(1)冰乙酸。

(2)盐酸羟胺溶液，$\rho=0.2\sim0.5$ g/L。

(3)硫酸溶液，$c=1$ mol/L：取 15 mL 浓硫酸($\rho_{20}=1.84$ g/mL)，徐徐加入 500 mL 水中，搅拌均匀，冷却备用。

(4)酸性高锰酸钾溶液，$\rho=25$ g/L：称取 25 g 高锰酸钾于 1 000 mL 烧杯中，加入 500 mL 水，稍微加热使其全部溶解，然后加入 1 mol/L 硫酸溶液 500 mL，搅拌均匀，贮于棕色试剂瓶中。

(5)N-(1-萘基)乙二胺盐酸盐贮备液，$\rho=1.00$ g/L：称取 0.50 g N-(1-萘基)乙二胺盐酸盐于 500 mL 容量瓶中，用水溶解稀释至刻度。此溶液贮于密闭的棕色瓶中。在冰箱中冷藏可稳定保存三个月。

(6)显色液：称取 5.0 g 对氨基苯磺酸($NH_2C_6H_4SO_3H$)溶解于 200 mL 40 ℃~50 ℃ 热水中，将溶液冷却至室温，全部移入 1 000 mL 容量瓶中，加入 50 mL N-(1-萘基)乙二胺盐酸盐贮备溶液($\rho=1.00$ g/L)和 50 mL 冰乙酸，用水稀释至刻度。此溶液贮于密闭的棕色瓶中，在 25 ℃以下暗处存放可稳定三个月。若溶液呈现淡红色，应弃之重配。

(7)吸收液：使用时将显色液和水按 4∶1(V/V)比例混合，即为吸收液。吸收液的吸光度应小于或等于 0.005。

(8)亚硝酸盐标准贮备液，$\rho=250$ μg/mL：准确称取 0.375 0 g 亚硝酸钠($NaNO_2$，

优级纯,使用前在(105±5)℃干燥恒重)溶于水,移入 1 000 mL 容量瓶中,用水稀释至标线。此溶液贮于密闭棕色瓶中于暗处存放,可稳定保存三个月。

(9)亚硝酸盐标准工作液,$\rho=2.5$ μg/mL:准确吸取 250 μg/mL 亚硝酸盐标准贮备液 1.00 mL 于 100 mL 容量瓶中,用水稀释至标线。临用现配。

(五)试验操作方法

1. 校准曲线的绘制

取 6 支 10 mL 具塞比色管,分别对应编号。按表 3-7 配制标准系列。

表 3-7 NO_2^- 标准溶液系列

管号	0	1	2	3	4	5
亚硝酸盐标准工作液/mL	0	0.40	0.80	1.20	1.60	2.00
水/mL	2.00	1.60	1.20	0.80	0.40	0.00
显色液/mL	8.00	8.00	8.00	8.00	8.00	8.00
NO_2^- 浓度/(μg·mL^{-1})	0	0.10	0.20	0.30	0.40	0.50

各管混匀,于暗处放置 20 min(室温低于 20 ℃时放置 40 min 以上),用 10 mm 比色皿,在波长为 540 nm 处,以水为参比测量吸光度,扣除 0 号管的吸光度以后,对应 NO_2^- 的浓度(μg/mL),用最小二乘法计算标准曲线的回归方程。

$$y=bx+a \tag{3-9}$$

式中 y——标准溶液吸光度(A)与试剂空白溶液吸光度(A_0)之差;

x——NO_2^- 的浓度(μg/mL);

a——回归方程式的截距,a 为 0.000~0.005;

b——回归方程式的斜率,b 为 0.960~0.978。

相关系数 $r\geqslant 0.999$。

2. 样品采集与测定

(1)样品采集与保存。

①短时间采样:取两支内装 10.0 mL 吸收液的多孔玻板吸收管和一支内装 5~10 mL 酸性高锰酸钾溶液(25 g/L)的氧化瓶(液柱高度不低于 80 mm),用尽量短的硅橡胶管将氧化瓶串联在两支吸收管之间(连接方式如图 3-12 所示),以 0.4 L/min 流量采气 4~24 L。

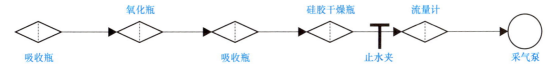

图 3-12 手工采样连接示意

②24 h 连续采样:取两支大型多孔玻板吸收管,装入 25.0 mL 或 50.0 mL 吸收液,

标记液面位置。取一支内装 50 mL 酸性高锰酸钾溶液(25 g/L)的氧化瓶(液柱高度不低于 80 mm),按图 3-13 所示接入采样系统,将吸收液恒温在 20 ℃±4 ℃,以 0.2 L/min 流量采气 288 L。

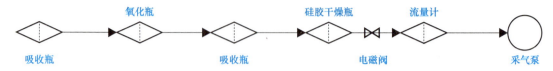

图 3-13 连续自动采样系列示意

③现场空白:将装有吸收液的采样管带到采样现场,除不采气外,其他环境条件与样品相同。

样品采集、运输和贮存过程中应避免阳光照射。采样期间,气温超过 25 ℃时,长时间(8 h 以上)运输和存放样品应采取降温措施。采样结束时,为防止溶液倒吸,应在采样泵停止抽气的同时,闭合连接在采样系统中的止水夹。样品采集后应尽快分析,若不能及时测定,将样品置于低温暗处存放,样品在 30 ℃暗处存放,可稳定 8 h;在 20 ℃暗处存放,可稳定 24 h;在 0 ℃~4 ℃冷藏,至少可稳定 3 天。

(2)样品测定。采样后放置 20 min,室温 20 ℃以下时放置 40 min 以上,用水将采样瓶中吸收液的体积补充至标线,混匀。用 10 mm 比色皿,在波长为 540 nm 处,以水为参比测量吸光度,同时测定空白样品中的吸光度。若样品的吸光度超过标准曲线上限,应用实验室空白试液稀释,再测定其吸光度,但稀释倍数不得大于 6。

(六)结果计算

空气中二氧化氮的质量浓度,按下式计算:

$$\rho_{NO_2}(mg/m^3) = \frac{(A_1 - A_0 - a) \times V \times D}{b \times f \times V_0} \tag{3-10}$$

空气中一氧化氮的质量浓度以二氧化氮质量浓度计,按下式计算:

$$\rho_{NO}(mg/m^3) = \frac{(A_2 - A_0 - a) \times V \times D}{b \times f \times V_0 \times K} \tag{3-11}$$

空气中一氧化氮的质量浓度以一氧化氮质量浓度计,按下式计算:

$$\rho'_{NO}(mg/m^3) = \frac{\rho_{NO} \times 30}{46} \tag{3-12}$$

空气中氮氧化物的质量浓度以二氧化氮质量浓度计,按下式计算:

$$\rho_{NO_x}(mg/m^3) = \rho_{NO} + \rho_{NO_2} \tag{3-13}$$

式中 A_1,A_2——串联的第一支和第二支吸收管中样品的吸光度;

A_0——实验室空白溶液的吸光度;

b——校准曲线的斜率,即吸光度(mL·μg^{-1}),$b=0.180\sim0.195$;

a——校准曲线的截距,$a\leqslant\pm0.003$;

V——采样用吸收液体积(mL);

V_0——换算为参比状态(1 013.25 hPa,298.15 K)下的采样体积(L);

K——NO→NO_2 氧化系数,0.68;

D——样品的稀释倍数;

f——Saltzman 实验系数,取 0.88(当空气中二氧化氮浓度高于 0.72 mg/m^3 时,f 取值 0.77)。

计算结果准确到小数点后三位。

(七)干扰及消除

空气中二氧化硫浓度为氮氧化物浓度 30 倍时,对二氧化氮的测定产生负干扰;空气中过氧乙酰硝酸酯(PAN)对二氧化氮的测定产生正干扰;空气中臭氧浓度超过 0.25 mg/m^3 时,对二氧化氮的测定产生负干扰,采样时在采样瓶入口端串接一段 15~20 cm 长的硅橡胶管,可排除干扰。

(八)说明及注意事项

(1)氧化管中有明显的沉淀物析出时,应及时更换。

(2)吸收液应避光,不能长时间暴露在空气中,以防止光照使吸收液显色或吸收空气中的氮氧化物而使试剂空白值增高。

(3)亚硝酸钠(固体)应妥善保存。部分氧化成硝酸钠或呈粉末状的试剂都不能用直接法配制标准溶液。

(4)若实验时斜率达不到要求,应检查亚硝酸钠试剂的质量,重新配制标准溶液;如果截距达不到要求,应检查蒸馏水及试剂质量,重新配置吸收液。

(5)当 $y=A-A_0$ 时,零点(0,0)应参加回归计算,$n=7$。

(6)每批样品至少测定 2 个现场空白。

(7)同步完成采样和分析记录,采样原始记录参照表 3-3。请扫描二维码学习原始记录表的规范填写,并完成其中的两个小练习。

样品分析原始记录表

任务二 固定污染源废气监测

任务导入

废气污染源包括固定污染源和流动污染源。固定污染源又分为有组织排放源和无组织排放源。有组织排放源是指烟道、烟囱及排气筒等；无组织排放源是指设在露天环境中的无组织排放设施或无组织排放的车间、工棚等。流动污染源是指汽车、摩托车、火车、飞机、轮船等交通运输工具排放的废气。

本任务以小组为单位开展校园内食堂锅炉废气监测。对校园内食堂锅炉进行现场调查和资料收集，查阅相关标准；出具包括项目概况、监测依据、采样点位、监测因子、分析方法、采样时间和频率、监测质量控制与质量保证等内容的完整监测方案；在条件允许的情况下，依据监测方案开展食堂锅炉废气现场监测，并对结果做出评价，编制监测报告。

知识学习

一、固定污染源监测准备

1. 固定污染源的监测目的

检查污染源排放的废气中有害物质的浓度是否符合排放标准的要求；评价废气净化装置的性能和运行情况，以了解所采取的污染防治措施效果如何；为大气质量管理与评价提供依据。

2. 资料收集

排污单位生产工艺、生产规模、排放的主要污染物及排放量、所用原料、燃料及消耗量等；废气处理设备和运行状况，排气设施类型、数量、位置、高度等情况。

气象资料：要收集监测区域的风速、风向、气温、气压、降水量、日照时间、相对湿度、温度的垂直梯度和逆温层底部高度等资料，以了解其对污染物在大气中的扩散、输送及变化情况的影响。对于无组织排放污染源监测时，要弄清楚上下风向和风速，以便确定好监测点位。

掌握废气监测区域的人口分布、居民和动植物受大气污染危害情况及流行性疾病等资料，对制定监测方案、分析判断监测结果是有益的。

3. 监测要求

进行有组织排放污染源监测时，要求生产设备处于正常运转状态下，对因生产过程而引起排放情况变化的污染源，应根据其变化特点和周期进行系统监测。进行无组织排放污染源监测时，通常在监控点采集空气样品，捕捉污染物的最高浓度。

4. 大气污染物排放标准

为了防止大气污染，国家颁发了《大气污染物综合排放标准》(GB 16297—1996)；《烧碱、聚氯乙烯工业污染物排放标准》(GB 15581—2016)、《饮食业油烟排放标准》(GB 18483—2001)、《锅炉大气污染物排放标准》(GB 13271—2014)、《工业炉窑大气污染物排放标准》(GB 9078—1996)等固定污染源行业排放标准；《汽油车污染物排放限值及测量方法(双怠速法及简易工况法)》(GB 18285—2018)、《非道路移动柴油机械排气烟度限值及测量方法》(GB 36886—2018)等大气移动源污染物排放标准。

在我国现有的国家大气污染物排放标准体系中,按照综合排放标准与行业性排放标准不交叉执行的原则,有行业大气污染物排放标准的执行对应的排放标准,其余行业的大气污染物执行《大气污染物综合排放标准》(GB 16297—1996)。

固定污染源监测的内容:污染源的废气排放量(m^3/h);污染源的有害物质排放量(kg/h);污染源排放的废气中有害物质的浓度(mg/m^3)。对有害物质排放浓度和废气排放量进行计算时,采样气样体积要采用现行监测方法中推荐的标准状态(温度为0 ℃,大气压力为101.3 kPa或760 mmHg)下的干燥气体的体积。

请通过扫描二维码学习《大气污染物综合排放标准》(GB 16297—1996)并分析位于二类区的一家使用含硫化合物的工厂通过25 m高的烟囱向外排放废气时应执行的二氧化硫最高允许排放浓度和排放速率分别是多少。

《大气污染物综合排放标准》
(GB 16297—1996)

二、固定污染源监测布点方法

(一)有组织排放固定污染源监测点的布设

1. 采样位置

有组织排放源的废气样品的采集,通常是用采样管从烟道中抽取一定体积的烟气,若要获得代表性的废气样品和尽可能地节约人力、物力,需要正确地选择采样位置和确定合适的采样点数目。采样位置应避开对测试人员操作有危险的场所。

(1)烟道颗粒物采样。采样位置应优先选择在垂直管段,应避开烟道弯头和断面急剧变化的部位。采样位置应设置在距弯头、阀门、变径管等阻力构件下游方向不小于6倍直径和距上述部件上游方向不小于3倍直径处。测试现场空间位置有限,很难满足上述要求时,可选择比较适宜的管段采样,但采样断面与弯头等阻力构件的距离至少是烟道直径的1.5倍,并应适当增加测点的数量和采样频次。采样断面的气流速度最好在5 m/s以上。对矩形烟道,其当量直径$D=2AB/(A+B)$,式中A,B为边长。

(2)气态污染物采样。由于气态污染物混合较均匀,采样位置可不受上述规定限制,但应避开涡流区。如果同时测定排气流量,采样位置仍按(1)选取。

2. 采样点数量

采样点的位置和数目主要根据烟道断面的形状、尺寸大小和流速分布情况确定。烟道的形状一般有圆形、矩形(或方形)、拱形。采样点的布设方法如下:

(1)圆形烟道。将测孔处烟道的断面分成一定数量的同心等面积圆环(图 3-14)。不同直径圆形烟道等面积环数和各点距烟道内壁的距离见表 3-8。若采样断面上气流速度较均匀,可设一个采样孔,采样点数减半。当烟道直径小于 0.3 m、流速分布均匀时,可在烟道中心设一个采样点,原则上测点不超过 20 个。

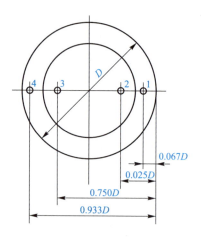

图 3-14 圆形烟道采样点

表 3-8 圆形烟道的分环和各点距烟道内壁的距离

烟道直径/m	分环数/个	各测点距烟道内壁的距离系数(以直径为单位)									
		1	2	3	4	5	6	7	8	9	10
0.3~0.6	1	0.146	0.854								
0.6~1.0	2	0.067	0.250	0.750	0.933						
1.0~2.0	3	0.044	0.146	0.296	0.704	0.854	0.956				
2.0~4.0	4	0.033	0.105	0.194	0.323	0.677	0.806	0.895	0.967		
>4.0	5	0.026	0.082	0.146	0.226	0.342	0.658	0.774	0.854	0.918	0.974

每个测点 r_n 距烟道测孔的位置按下列步骤进行:
①确定测孔处烟道的直径;
②根据直径大小确定分环数目;
③按每个环上确定两个测点的原则,计算整个烟道断面的测点数;
④计算每个测点距烟道测孔内壁的距离,即 r_n = 直径(m)×系数。

现场采样时,将各测点的距离计算好以后,将采样管伸进烟道,依次进行采样。靠近测孔处的第一点为 r_1,离测孔越远,采样点编号数字越大。

(2)矩形(或方形)烟道。将烟道断面划分为适当数量的等面积矩形小块,以各个矩形小块的中心为采样点(图 3-15)。划分矩形小块的数量和大小按照表 3-9 确定,原则上测点不超过 20 个。

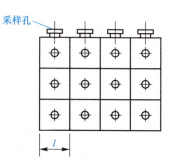

图 3-15 矩形布点采样

表 3-9 矩形烟道的分块和测点数

烟道断面面积/m²	等面积小块长边长度/m	测点总数
<0.1	<0.32	1
0.1～0.5	<0.35	1～4
0.5～1.0	<0.50	4～6
1.0～4.0	<0.67	6～9
4.0～9.0	<0.75	9～16
>9.0	≤1.0	16～20

(3)拱形烟道。半圆形部分按圆形烟道布点,矩形烟道按方形烟道布点。

在能满足测压管和采样管达到各采样点位置的情况下,尽可能少开采样孔,一般开两个互成 90°的孔。采样孔的内径应不小于 80 mm,以能放入采样管为宜,采样孔管长应不大于 50 mm。不使用时应用盖板、管堵或管帽封闭。当采样孔仅用于采集气态污染物时,其内径应不小于 40 mm。对正压下输送高温或有毒气体的烟道,应采用带有闸板阀的密封采样孔。

(二)无组织排放固定污染源监测点的布设

对于无组织排放源,首先应确定所测污染物项目,然后根据污染物排放标准中对应监测浓度限值要求选择周界监控点设置或上、下风向分别设置参照点和监控点的方法。由于无组织排放的实际情况多种多样,实际监测时应根据情况因地制宜设置监控点。

1. 单位周界监控点的设置方法

监控点应设于周界浓度最高点。监控点一般设于单位周界外 10 m 范围内,但若现场条件不允许(例如周界沿河岸分布),可将监控点移到周界内侧。若经估算预测,无组织排放的最大落地浓度区域超出 10 m 范围,将监控点设置在该区域之内。为了确定浓度的最高点,实际监控点最多可设置 4 个。设点高度范围为 1.5～15 m。

当具有明显风向和风速时可参考图 3-16 设点。当无明显风向和风速时,可根据情况于可能的浓度最高处设置 4 个点,由 4 个监控点分别测得的结果,以其中的浓度最高点计算。

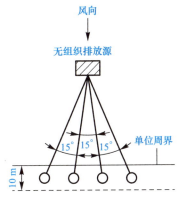

图 3-16 单位周界监控点布设

2. 在排放源上、下风向分别设置参照点和监控点的方法

布设原则：于无组织排放源的上风向设置参照点，下风向设置监控点；监控点应设于排放源下风向的浓度最高点，不受单位周界的限制；为了确定浓度最高点，监控点最多可设 4 个；参照点应以不受被测无组织排放源影响，可以代表监控点的背景浓度为原则，参照点只设 1 个；监控点和参照点距无组织排放源最近不应小于 2 m。

当具有明显风向和风速时，可参考图 3-17 设点，以 4 个监控点中的浓度最高点测值与参照点浓度之差计值。

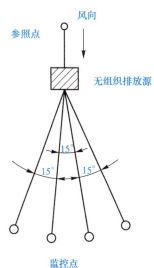

图 3-17 参照点和监控点布设

三、烟气相关参数的测定

烟气的温度、压力、流速和含湿量是烟气的基本状态参数，也是计算烟尘及烟气中有害物质浓度的依据。通过采样流量和采样时间的乘积可以求得烟气体积，而采样流量可由测点烟道断面面积乘以烟气流速得到，流速由烟气压力和温度计算求得。

另外，需要注意的是，对有害物质排放浓度和废气排放量进行计算时，气样体积要采用现行监测方法中推荐的标准状态（温度为 0 ℃，大气压力为 101.3 kPa）下的干燥气体的体积。本任务烟气相关参数的测定参考《固定污染源排气中颗粒物测定与气态污染物采样方法》(GB/T 16157—1996)。

(一) 烟气温度的测定

1. 玻璃水银温度计

玻璃水银温度计适于在直径较小的低温烟道中使用，测定时应将温度计球部放在靠近烟道中心位置。

2. 热电偶毫伏计

原理：将两根不同的金属导线连成一闭路，当两接点处于不同温度环境中时，便可

产生热电势,温差越大,热电势越大。如果热电偶一个接点的温度保持恒定(称为自由端,置于空气中的),则产生的热电势便完全取决于另一个接点的温度(称为工作端,伸进烟道里的),用毫伏计测出热电偶的热电势,就可以得到工作端所处的温度,测温时,将毫伏计的工作端伸进烟道里,靠近烟道中心位置,这时,毫伏计指针发生偏转,待指针稳定后,读出毫伏值。从与热电偶温度计配套的工作曲线上得知烟温。镍铬-康铜,用于 800 ℃以下的烟气;镍铬-镍铝,用于 1 300 ℃以下的烟气。热电偶测温毫伏计工作原理示意如图 3-18 所示。

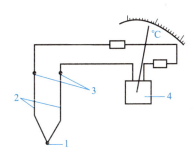

图 3-18　热电偶测温毫伏计工作原理示意
1—工作端;2—热电偶;3—自由端;4—测温毫伏计

(二)压力的测定

为了进行等速采样流量的计算和烟气中的有害物质的浓度及烟气排放量的计算,必须分别测定烟道管的压力、采样系统和空气环境中的压力,以便对气体体积进行校正换算。

1. 烟道管压力的测定

(1)压力的几个概念。

①烟气静压(P_s):在单位体积内,由烟气本身的重量而产生的压力。当测定点处于正压管段时,烟气静压为正值;反之,在负压管段则为负值。

②烟气动压(H_d):烟气流动时所具有压力,故又称为速度压。

③烟气全压(H):烟气静压与动压之和。

④正压:管道内压力大于大气压的状态,为正压状态;反之,为负压状态。

⑤烟气绝对压力:$B_a \pm P_s$,B_a 为大气压力(mmHg)。

(2)皮托管。

①标准皮托管:标准皮托管的结构如图 3-19 所示。按标准尺寸加工的皮托管,其校正系数近似等于 1。标准皮托管测孔很小,当烟道内尘粒浓度较大时,容易被堵塞。因此,标准皮托管只适用于在较清洁的管道中使用。

②S 形皮托管:S 形皮托管(图 3-20)在使用前必须用标准皮托管进行校正,求出它的校正系数。当流速在 5~30 m/s 的范围内时,其速度校正系数平均值为 0.84。S 形皮托管不像标准皮托管那样呈 90°弯角,可以在厚壁烟道中使用,且开口较大,不易被尘粒堵塞。

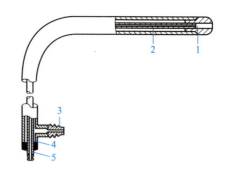

图 3-19　标准皮托管

1—全压测孔；2—静压测孔；3—静压管接口；
4—全压管；5—全压管接口

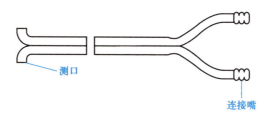

图 3-20　S形皮托管

(3)压力计。

①U形压力计：U形压力计是一U形玻璃管，内装测压液体，常用的测压液体有水、乙醇和汞，视被测压力范围来选定。压力 p 按下式计算：

$$p = h \cdot r \qquad (3-14)$$

式中　p——压力(mmHg)；

　　　h——液柱差(mm)；

　　　r——测压液体的比重。

U形压力计的误差，可达 1～2 mm，不适于测量微小压力。

②倾斜式微压计：倾斜式微压计的结构如图 3-21 所示，一端为截面面积较大的容器，另一端为倾斜玻璃管，管上刻度表示压力计读数。测压时，将微压计的容器开口与测量系统中压力较高的一端相连，作用于两个液面上的压力差使液柱沿斜管上升。压力 p 按下式计算：

$$p = L\left(\sin\alpha + \frac{F_1}{F_2}\right) r \qquad (3-15)$$

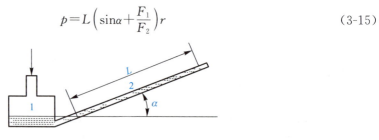

图 3-21　倾斜式微压计

1—容器；2—玻璃管

式中　　p——斜管内液柱长度(mm);
　　　　α——斜管与水平面夹角(°);
　　　　F_1——斜管截面面积(mm^2);
　　　　F_2——容器截面面积(mm^2);
　　　　r——测压液体比重。

工厂生产的倾斜式微压计,修正系数 K 即代表 $\left(\sin\alpha+\dfrac{F_1}{F_2}\right)$ 一项,则式(3-15)变为

$$p = L \cdot K \tag{3-16}$$

(4)测量方法。测量烟气压力应在采样位置的管段,烟气压力在 150 mm H_2O 以上时,用 U 形压力计测量;烟气压力在 150 mm H_2O 以下时,用倾斜式微压计测量。测压时,皮托管管嘴要对准气流,每次测定要反复三次以上,取其平均值。图 3-22 所示是测定烟气全压、静压和动压时,标准皮托管、S 形皮托管与倾斜式微压计或 U 形压力计的连接方法。

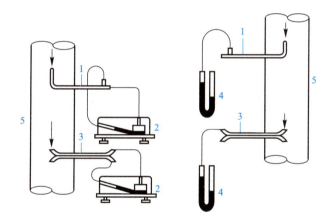

图 3-22　测压连接方法
1—标准皮托管;2—倾斜式微压计;3—S 形皮托管;
4—U 形压力计;5—烟道

2. 采样系统中的压力测定

采样系统中的烟气压力,即流量计前的压力(p_r)。由于抽气动力压头大,常用水银作为测定液体,其读数为负值。

(三)烟气含湿量的测定

排出的烟气中水分含量是不饱和的,而流量计测定的水分却是该温度下饱和状态的。因此,在计算干烟气中的粉尘浓度和等速采样流量时,必须计算出含湿量。烟气含湿量常以 1 kg 干烟气中存在的水蒸气的质量(G_{sw})或用湿烟气中水蒸气占的体积(X_{sw})表示。一般以体积百分数表示,便于计算。

在此仅介绍用吸湿管法(重量法)和干湿球法来测量含湿量。

1. 重量法

(1)原理。从烟道中抽出一定体积的烟气，使之通过装有吸湿剂的吸湿管，烟气中水汽被吸湿剂吸收。吸湿管的增重即为已知体积的烟气中含有的水汽量。

(2)仪器。

①进口带有尘粒过滤管的加热或保温采样管；

②U形吸湿管；

③流量测量装置；

④抽气泵。

(3)吸湿剂。常用的吸湿剂有无水氯化钙、硅胶、氧化铝、五氧化二磷等。选用吸湿剂时，应注意吸湿剂只吸收烟气中的水汽，而不吸收水汽以外的其他气体。

(4)吸湿管的准备。将颗粒状吸湿剂装入U形吸湿管内，吸湿剂上面填充少量的玻璃棉，以防止吸湿剂的飞散。关闭吸湿管活塞，擦去表面的附着物，用分析天平称重。

(5)采样。将仪器按图3-23所示连接，检查系统是否漏气，然后将采样管插入烟道中心位置，加热数分钟后，打开吸湿管活塞，以1 L/min流量抽气。采样后，关闭吸湿管活塞，取下吸湿管，擦去表面附着物，用分析天平称重。

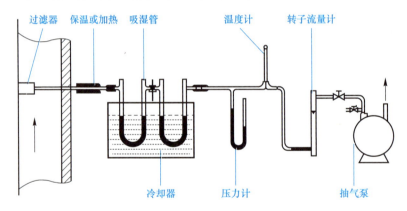

图 3-23 重量法测含湿量

(6)计算。烟气含湿量(G_{sw})按下式计算：

$$G_{sw}=\frac{G_w}{r_0\left(V_d\dfrac{273}{273+t_r}\times\dfrac{B_a+p_r}{760}\right)}\times10^3 \tag{3-17}$$

式中　G_{sw}——烟气含湿量(g/kg 干空气)；

　　　G_w——吸湿管吸收水量(g)；

　　　r_0——标准状况下干烟气的比重，可取 1.293；

　　　V_d——抽取的干烟气体积(测量状态下)(L)；

　　　t_r——流量计前烟气的温度(℃)；

　　　B_a——大气压力(mmHg)；

　　　p_r——流量计前的指示压力(mmHg)。

若以百分含量计算,则按下式换算:

$$X_{sw}=\frac{1.24G_w}{V_d\dfrac{273}{273+t_r}\times\dfrac{B_a+p_r}{760}+1.24G_w}\times100\%\qquad(3\text{-}18)$$

式中 X_{sw}——烟气中含量的体积百分比(%);

1.24——标准状况下 1 g 水汽占有的体积(L)。

2. 干湿球法

(1)原理。使烟气以一定的速度流过干、湿球温度计,根据干、湿球温度计读数来确定烟气中水汽的体积分数。

(2)仪器。

①干湿球温度装置;

②取样管;

③抽气泵。

(3)测定。将干湿球测量装置按图 3-24 所示连接,打开抽气泵抽气,烟气先通过玻璃棉过滤器将尘粒除去,然后使大于 2.5 m/s 速度的烟气流过干湿球温度计,待干湿球温度计读数稳定不变时,记下读数。当烟气温度较低时,测定时要注意取样管保温,以免烟气到达干湿球温度计前,冷凝而产生误差。

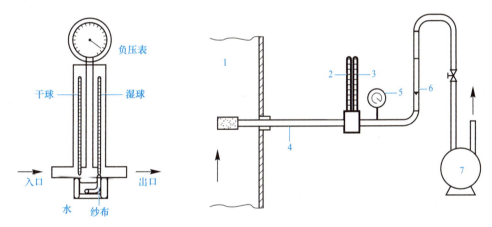

图 3-24 干湿球测量装置

1—烟道;2—干球温度计;3—湿球温度计;4—保温采样管;
5—真空压力表;6—转子流量计;7—抽气泵

烟气中水汽含量的体积分数按下式计算:

$$X_{sw}=\frac{P_{bv}-0.00067(t_c-t_b)(B_a+P_b)}{B_a+P_s}\times100\%\qquad(3\text{-}19)$$

式中 X_{sw}——排气中水分含量体积百分数(%);

P_{bv}——温度为 t_b 时饱和水蒸气压力(根据 t_b 值,由空气饱和时水蒸气压力表中查得)(Pa);

t_b——湿球温度(℃);

t_c——干球温度(℃);

P_b——通过湿球温度计表面的气体压力(Pa);

B_a——大气压力(Pa);

P_s——测点处排气静压(Pa)。

(四)烟气流速和流量的计算

1. 流速测量

(1)原理。根据烟气动压和烟气状态计算烟气的流速。

(2)测量。按采样位置和采样点的规定,在选定的测量位置和各测定点上,用皮托管和倾斜式微压计测定各点的动压,每次测定要反复进行三次,取其平均值,然后按下式计算出测点的烟气流速:

$$V_s = 0.24 K_p \sqrt{273+t_s} \cdot \sqrt{H_d} \qquad (3\text{-}20)$$

式中　t_s——烟气温度(℃);

　　　K_p——皮托管系数,取 0.84~0.85;

　　　H_d——烟气动压(mmH$_2$O)。

烟道内横断面上各采样点的平均流速按下式计算:

$$\overline{V_s} = \frac{V_{s_1} + V_{s_2} + \cdots + V_{s_n}}{n} \qquad (3\text{-}21)$$

式中　$\overline{V_s}$——烟道内烟气的平均流速(m/s);

　　　V_{s_1}、V_{s_2}、…、V_{s_n}——横断面上各点烟气的流速(m/s)。

或烟气的平均流速为

$$\overline{V_s} = 0.24 K_p \sqrt{t_s} \times \sqrt{H_d} \qquad (3\text{-}22)$$

由式(3-22)可知,在实际测量中,只要测出烟气的温度和各测点的动压后,即可计算出烟气的平均流速。

2. 流量计算

烟气流量等于测点烟道断面的截面面积乘上烟气的平均流速,即

$$Q_s = \overline{V_s} F \times 3\,600 \qquad (3\text{-}23)$$

式中　Q_s——烟气流量(m³/h);

　　　F——烟道断面的面积,$F = \pi r^2$ (m²)。

标准状况下干烟气的流量为

$$Q_{snd} = Q_s (1 - X_{sw}) \times \frac{273}{273 + t_s} \times \frac{B_a + P_s}{760} \qquad (3\text{-}24)$$

式中　Q_{snd}——在标准状况下干烟气的流量(m³/h,标干);

　　　X_{sw}——排气中水分含量体积百分数(%);

　　　t_s——烟气温度(℃);

　　　B_a——大气压力(mmHg);

　　　P_s——测点处排气静压(mmHg)。

四、固定污染源排气中颗粒物的测定

固定污染源中的颗粒物是指燃料和其他物质在燃烧、合成、分解以及各种物料在机械处理中所产生的悬浮于排放气体中的固态和液态颗粒状物质。

烟气中颗粒物采样方法是将采样管由采样孔插入烟道中，使采样嘴置于测点上正对气流，按颗粒物等速采样法采样。根据采样管滤筒上所捕集到的颗粒物量和同时抽取的气体量，计算出排气颗粒物浓度。

在测定固定污染源排气中颗粒物浓度时，浓度小于等于 20 mg/m³ 时，适用《固定污染源废气 低浓度颗粒物的测定 重量法》(HJ 836—2017)，浓度大于 20 mg/m³ 小于 50 mg/m³ 时，《固定污染源排气中颗粒物测定与气态污染物采样方法》(GB/T 16157—1996) 与《固定污染源废气 低浓度颗粒物的测定 重量法》(HJ 836—2017) 同时适用，浓度是指标准状态下的干废气浓度（不进行折算）。采用《固定污染源排气中颗粒物测定与气态污染物采样方法》(GB/T 16157—1996) 测定浓度小于等于 20 mg/m³ 时，测定结果表述为"＜20 mg/m³"。

固定污染源低浓度颗粒物的测定重量法

固定污染源排气中颗粒物测定与气态污染物采样方法

（一）采样原则

1. 等速采样

颗粒物具有一定的质量，在烟道中由于本身运动的惯性作用，不能完全随气流改变方向，为了从烟道中取得有代表性的烟尘样品，需等速采样，即烟气进入采样嘴的速度应与采样点的烟气速度相等。

采气流速大于或小于采样点烟气流速都将使采样结果产生偏差。当采样速度 (v_n) 大于采样点的烟气流速 (v_s) 时，由于气体分子的惯性小，容易改变方向，而尘粒惯性大，不容易改变方向，所以采样嘴边缘以外的部分气流被抽入采样嘴，而其中的尘粒按原方向前进，不进入采样嘴，从而导致测量结果偏低；当采样速度 (v_n) 小于采样点的烟气流速 (v_s) 时，情况正好相反，使测定结果偏高；只有当 $v_n = v_s$ 时，气体和烟尘才会按照它们在采样点的实际比例进入采样嘴，采集的烟气样品中烟尘浓度才与烟气实际浓度相同。不同采样速度时颗粒物运动状态如图 3-25 所示。

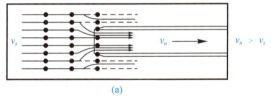
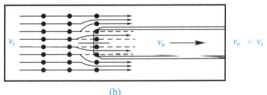
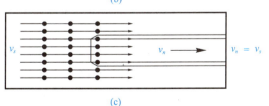

图 3-25　不同采样速度时颗粒物运动状态

2. 多点采样

由于颗粒物在烟道中的分布是不均匀的，要取得有代表性的烟尘样品，必须在烟道

断面按一定的规则多点采样。

(二)采样方法

1. 移动采样

用同一个滤筒在已确定的各采样点上移动采样,各采样点的采样时间相同,计算烟道断面上颗粒物的平均浓度。

2. 定点采样

在每个测点上采一个样,求出采样断面的颗粒物平均浓度,可了解烟道断面上颗粒物浓度变化情况。

3. 间断采样

间断采样适用于周期性变化的排放源,根据工况变化及其延续时间,分时段采样,按时间平均加权计算断面的颗粒物平均浓度。

(三)采样装置

尘粒采样装置由采样管、滤筒、流量测量装置和抽气泵等组成(图 3-26)。

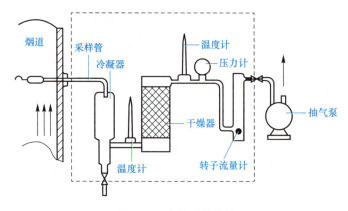

图 3-26 尘粒采样装置

1. 采样管

(1)普通型采样管:有玻璃纤维滤筒采样管(图 3-27)和刚玉滤筒采样管两种(图 3-28)。

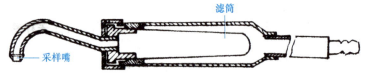

图 3-27 玻璃纤维滤筒采样管

(2)平衡型采样管:有静压平衡型等速采样管和动压平衡型等速采样管两种。

采样管通常由采样嘴、滤筒夹和连接管构成。采样嘴入口内径应大于 4 mm,为了不扰动吸气口内外气流,嘴的前端应做成小于 30 ℃的锐角,锐边的厚度不能大于 0.3 mm

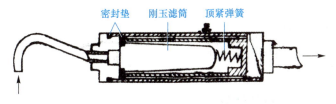

图 3-28 刚玉滤筒采样管

(图 3-29)。从采样嘴到尘粒捕集器之间的管道内表面应平滑，不能有断面的突变。为了防止腐蚀，采样管宜用不锈钢制作。

2. 滤筒

(1)玻璃纤维滤筒：适用于 400 ℃ 以下烟气的尘粒采样。
(2)刚玉滤筒：适用于 850 ℃ 以下烟气的尘粒采样。

3. 流量测量装置

流量测量装置由冷凝器、干燥器、温度计、压力计和流量计构成，用以测量烟气的含湿量和采样气体的温度、压力与流量。

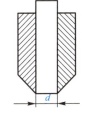

图 3-29 采样嘴剖面图

4. 抽气泵

抽气泵以抽气量不低于 60 L/min 的旋片泵为宜。

(四)采样步骤

(1)采样前，先测出各采样点的烟气流速、温度、含湿量和烟气静压。

(2)根据各采样点的流速、烟气的状态参数和选用的采样嘴直径，计算出各采样点等速采样的流量。当用平衡型等速采样管时，不需上述步骤。

(3)将已称重的滤筒放入采样管滤筒夹内，按图 3-26 所示将装置连接，并检查系统是否漏气。

(4)将采样管放入烟道第一个采样点处，使采样嘴对准气流，打开抽气泵，调整采样流量至第一点等速采样流量。

(5)采样期间，由于尘粒在滤筒上逐渐聚集，阻力会逐渐有些增加，随时需要调节流量，同时要记下采样时流量计前的温度和压力。

(6)第一点采样后，应立即将采样管移到第二点，同时迅速调节流量至第二点所需等速采样的流量。各点采样的时间应相等，以此类推，对各点进行采样。

(7)采样结束后，切断电源，同时关闭管路，防止由于烟道内负压将尘粒倒抽出去，并小心取出滤筒。取下滤筒放入备好的盒内，带回天平室恒重。

(五)采样体积的计算

使用转子流量计，其前面装有使气体干燥的干燥器时，采样体积按下式计算：

$$V_{nd} = 0.557 Q'_r n \sqrt{\dfrac{B_a + P_r}{T_r}} \tag{3-25}$$

式中　V_{nd}——采样体积(L,标干);

　　　Q'_r——采样时流量计的读数(L/min);

　　　n——采样时间(min)。

　　　其他符号意义同前。

(六)排放浓度、排放量的计算

1. 排放浓度

移动采样尘粒排放浓度按下式计算:

$$c = \frac{g}{V_{nd}} \times 10^3 \tag{3-26}$$

式中　c——尘粒排放浓度(mg/m³,标干);

　　　g——采样所得的尘粒质量(mg);

　　　V_{nd}——采样体积(L,标干)。

2. 尘粒排放量

尘粒排放量按下式计算:

$$G = cQ_{snd} \times 10^{-6} \tag{3-27}$$

式中　G——尘粒排放量(kg/h);

　　　Q_{snd}——在标准状况下干烟气的流量(m³/h,标干)。

五、固定污染源排气中气态污染物的测定

(一)采样点

由于气体在烟道内分布一般比较均匀,且无惯性影响,不必要等速采样,可在近烟道中心采样。固定污染源排中气态污染物的测定参照《固定污染源排气中颗粒物测定与气态污染物采样方法》(GB/T 16157—1996)和《固定源废气监测技术规范》(HJ/T 397—2007)。

(二)采样系统和装置

1. 气体采样系统

气体采样系统有化学法采样系统和仪器直接测量法采样系统。

(1)化学法采样系统通常由采样管、捕集装置、流量测试装置和抽气泵等组成。根据采气量的大小,化学法采样系统有注射器采样系统和抽气泵采样系统两种形式(图3-30和图3-31)。前者适用于采集少量气体;后者适用于采集1 L以上体积的气体。

固定源废气监测技术规范

(2)仪器直接测量法采样系统由采样管、颗粒物过滤器、除湿器、抽气泵、测试仪和校正用气瓶等部分组成,如图3-32所示。

2. 采样管

采样管的形式很多,常用的为加热式气体采样管(图3-33)。它适用于大多数有害气体的采样。

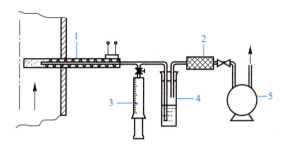

图 3-30　注射器采样系统

1—加热采样管；2—过滤器；3—注射器；4—洗涤瓶；5—抽气泵

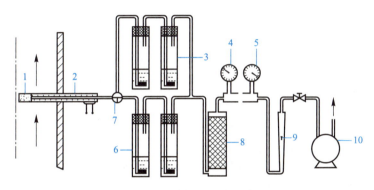

图 3-31　抽气泵采样系统

1—烟道；2—加热采样管；3—旁路吸收瓶；4—温度计；5—真空压力表；
6—吸收瓶；7—三通阀；8—干燥器；9—流量计；10—抽气泵

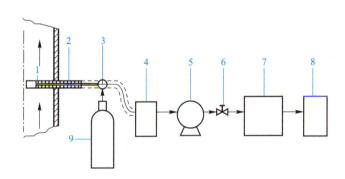

图 3-32　仪器直接测量法采样系统

1—滤料；2—加热采样管；3—三通阀；4—除湿器；5—抽气泵；
6—调节阀；7—分析仪；8—记录器；9—标准气

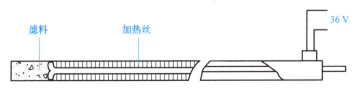

图 3-33　加热式气体采样管

采样管的材料应不吸附或不与采集的有害气体起化学反应，要耐腐蚀，并有较好的机械强度。对于大多数气体，可用不锈钢管制作。在采样管的入口装有尘粒过滤器，滤料可用无碱玻璃棉或刚玉砂。为了防止采集气体在采样管内冷凝，采样管要有电加热装置，加热电源宜采用 36 V 低压直流电。

(三) 采样步骤

1. 抽气泵吸收瓶采样

(1) 清洗采样管。采样管有时因长期使用，内部污染，用前要清洁干净，干燥后再用。

(2) 更换滤料。每次采样前都要更换滤料。

(3) 检查系统。采样系统连接好之后，应检查系统是否漏气。

(4) 预热采样管。待采样管加热到所需温度后，再插入烟道。

(5) 置换吸收瓶前采样管路的空气。正式采样前，用旁路吸收瓶置换吸收瓶前采样管路内的空气 3~5 min。

(6) 正式采样。将三通阀接通吸收系统，调节采样流量至需要的读数值，记下流量计的流量和流量计前烟气的温度与压力。

(7) 采样结束。在关闭抽气泵的同时，切断管路，使采样管与吸收系统不相通，防止由于烟道负压将吸收瓶内的吸收液反抽入烟道。

2. 注射器采样

(1) 检查注射器筒和活塞是否严密；

(2) 按前述抽气泵吸收瓶采样步骤 (1)~(4) 进行；

(3) 用吸收液充分润湿注射器筒内壁后，将注射器按图 3-30 所示连接在采样系统上；

(4) 以 1 L/min 流量，抽气 3~5 min，充分置换采样管路内的空气；

(5) 打开注射器的阀门，以慢速按需要体积抽气一次，然后关闭注射器阀门；

(6) 从系统中取下注射器，冷却至室温后，读出注射器刻度上的采气量，并记下室温。

3. 仪器直接测量法采样

(1) 将采样管置于环境空气中，接通仪器电源，仪器自检并校正零点后，自动进入测定状态。

(2) 将采样管插入烟道中，将采样孔堵严使之不漏气，抽取烟气进行测定，待仪器读数稳定后即可记录 (打印) 测试数据。

(3) 读数完毕将采样管从烟道取出置于环境空气中，抽取干净空气直至仪器示值符合说明书要求后，将采样管插入烟道进行第二次测试。

(4) 重复 (2)~(3) 步骤，直至测试完毕。

(5) 测定结束后，将采样管从烟道取出置于环境空气中，抽取干净空气直至仪器示值符合说明书要求后，自动或手动关机。

(四)采样体积的计算

当用注射器采样时,采样体积按下式计算:

$$V_{nd}=V_f\frac{273}{273+t_1}\times\frac{B_a-P_{bv}}{760} \quad (3-28)$$

式中 V_{nd}——采样体积(L,标干);
  V_f——室温下,注射器刻度的采样体积(L);
  t_1——室温(℃);
  P_{bv}——在 t_1 时饱和蒸气压力(mmHg)。

当用抽气泵吸收瓶采样系统时,采样体积按下式计算:

$$V_{nd}=V_t\frac{273}{273+t_r}\times\frac{B_a-P_r}{760} \quad (3-29)$$

式中 V_t——现场采样体积(L),为每分钟抽气流量乘以采气时间(min);
  t_r——流量计前温度计上读数(℃);
  P_r——流量计前压力计的读数(mmHg)。

(五)固定源排气中气态污染物的分析方法

固定源部分废气污染物的监测分析方法见表3-10。

表3-10 固定源部分污染物分析方法

序号	监测项目	方法标准名称	方法标准编号
1	二氧化硫	《固定污染源排气中二氧化硫的测定 碘量法》	HJ/T 56—2000
		《固定污染源废气 二氧化硫的测定 定电位电解法》	HJ 57—2017
2	氮氧化物	《固定污染源排气中氮氧化物的测定 紫外分光光度法》	HJ/T 42—1999
		《固定污染源排气中氮氧化物的测定 盐酸萘乙二胺分光光度法》	HJ/T 43—1999
3	氯化氢	《固定污染源排气中氯化氢的测定 硫氰酸汞分光光度法》	HJ/T 27—1999
4	硫酸雾	《硫酸浓缩尾气硫酸雾的测定 铬酸钡比色法》	GB 4920—1985
5	氟化物	《大气固定污染源 氟化物的测定 离子选择电极法》	HJ/T 67—2001
6	氯气	《固定污染源排气中氯气的测定 甲基橙分光光度法》	HJ/T 30—1999
7	氰化氢	《固定污染源排气中氰化氢的测定 异烟酸-吡唑啉酮分光光度法》	HJ/T 28—1999

任务三　室内空气监测

任务导入

室内空气污染可以定义为由于室内引入能释放有害物质的污染源或室内环境通风不佳而导致室内空气中有害物质无论是从数量上还是种类上不断增加，并引起人的一系列不适症状。室内空气污染与空气环境污染由于所处的环境不同，其污染特征也不同。室内空气污染具有累积性、长期性、多样性特征。

本任务以小组为单位开展某间教室内空气质量监测。首先对教室内和室外周边环境进行现场调查和资料收集，查阅相关标准；出具包括项目概况、监测依据、采样点位、监测因子、分析方法、采样时间和频率、监测质量控制与质量保证等内容的完整监测方案；依据监测方案开展室内监测，并对结果做出评价，编制监测报告。

知识学习

一、室内空气质量监测点位的布设

1. 采样点的布设方法

(1) 采样点的高度。原则上采样点的高度与人的呼吸带高度一致，一般相对高度为 0.5～1.5 m。也可根据房间的使用功能，人群的高低及在房间立、坐或卧时间的长短，来选择采样高度。有特殊要求的可根据具体情况而定。

(2) 布点方式。多点采样时应按对角线或梅花式均匀布点，应避开通风口，与墙壁的距离应大于 0.5 m，与门窗的距离应大于 1 m。

2. 采样点位数量

依据《室内空气质量标准》(GB/T 18883—2002)，采样点位的数量应根据室内面积大小和现场情况而确定，要能正确反映室内空气污染物的污染程度。原则上小于 50 m^2 的房间应设 1～3 个点；50～100 m^2 设 3～5 个点；100 m^2 以上至少设 5 个点。

依据《民用建筑工程室内环境污染控制标准》(GB 50325—2020)，民用建筑工程验收时，应抽检有代表性的房间室内环境污染物浓度，检测数量不得少于5%，并不得少于 3 间，房间总数少于 3 间时，应全数检测；凡进行了样板间室内环境污染物浓度测试结果合格的，抽检数量减半，并不得少于 3 间；室内环境污染物浓度检测点应按房间面积设置：房间面积<50 m^2 时，设 1 个检测点；房间面积为 50～100 m^2 时，设 2 个检测点；房间面积>100 m^2 时，设 3～5 个检测点。

二、室内空气监测方案的制定

1. 监测目的

通过对室内空气中主要污染物质进行定期或连续地监测，判断室内空气质量是否符合《室内空气质量标准》(GB/T 18883—2002)或《民用建筑工程室内环境污染控制标准》(GB 50325—2020)的要求，为空气质量状况评价提供依据。

2. 资料收集和现场调查

弄清楚室内装修装饰情况及室外周围环境状况，并通过进行现场的实地踏勘，确定室内主要污染源。

3. 监测项目

优先选择室内空气质量标准和室内装饰装修材料有害物质限量标准中要求控制的监测项目。新装饰或装修过的室内环境应测定甲醛、苯、甲苯、二甲苯和总挥发性有机物。人群比较密集的室内环境，如大型商场、超市应测菌落总数、新风量及二氧化碳。使用臭氧消毒、净化设备及复印机等可能产生臭氧的室内环境应测臭氧。住宅一层、地下室、其他地下设施及采用花岗岩、彩釉地砖等天然放射性含量较高材料装修的室内环境都应监测氡气。

4. 采样时间和频率

年平均浓度至少连续或间隔采样 3 个月，日平均浓度至少连续或间隔采样 18 h；8 h 平均浓度至少连续或间隔采样 6 h；1 h 平均浓度至少连续或间隔采样 45 min。采样时间应涵盖通风最差的时间段。

5. 采样方法和采样仪器

根据污染物在室内空气中的存在状态，选用合适的采样方法和仪器，用于室内的采样的噪声应小于 50 dB(A)。具体采样方法应按各个污染物检验方法中规定的方法和操作步骤进行。

筛选法采样：采样前关闭门窗 12 h，采样时关闭门窗，至少采样 45 min。

累积法采样：当采用筛选法采样达不到本标准要求时，必须采用累积法(按年平均、日平均、8 h 平均值)采样。

6. 样品采集、运送和保存

按照《室内空气质量标准》(GB/T 18883—2002)、《室内环境空气质量监测技术规范》(HJ/T 167—2004)和《民用建筑工程室内环境污染控制标准》(GB 50325—2020)中规定的标准方法进行布点，确定采样时间和频率，采样后，样品要根据不同项目要求，进行有效的处理和防护，运输过程中要避开高温、强光以及剧烈振动，样品运抵后要与接收人员进行交接登记。

7. 分析测试

按照《室内空气质量标准》(GB/T 18883—2002)、《室内环境空气质量监测技术规范》(HJ/T 167—2004)和《民用建筑工程室内环境污染控制标准》(GB 50325—2020)中规定的标准方法进行样品分析。

室内空气相关标准的主要指标见表3-11。

表 3-11 室内空气相关标准的主要指标

标准名称	允许含量	标准号
《居室空气中甲醛的卫生标准》	0.08 mg/m³	GB/T 16127—1995
《室内氡及其子体控制要求》	100 Bq/m³（新建房） 200 Bq/m³（已建房）	GB/T 16146—2015
《室内空气中氮氧化物卫生标准》	0.10 mg/m³	GB/T 17096—1997
《室内空气中二氧化碳卫生标准》	0.10 mg/m³	GB/T 17094—1997
《室内空气中二氧化硫卫生标准》	0.15 mg/m³	GB/T 17097—1997
《室内空气中细菌总数卫生标准》	4 000 CFU/m³	GB/T 17093—1997
《室内空气中可吸入颗粒物卫生标准》	0.15 mg/m³	GB/T 17095—1997

8. 质量保证措施

（1）气密性检查：有动力采样器的，在采样前应对采样系统气密性进行检查，不得漏气。

（2）流量校准：采样系统流量要能保持恒定，采样前和采样后要用一级皂膜计校准采样系统进气流量，误差不超过5%。

（3）空白检验：在一批现场采样中，应留有两个采样管不采样，并按其他样品管一样对待，作为采样过程中空白检验，若空白检验超过控制范围，则这批样品作废。

9. 测试结果和评价

请通过扫描二维码学习《室内空气质量标准》(GB/T 18883—2002)并分析和评价教室内空气质量是否符合标准。

《室内空气质量标准》
(GB/T 18883—2002)

测试结果以平均值表示，化学性、生物性和放射性指标平均值符合标准值要求时，为符合本标准。如有一项检验结果未达到本标准要求，则为不符合本标准；要求年平均、日平均、8 h平均值的参数，可以先做筛选采样检验，若检测结果符合标准值要求，则为符合本标准。若筛选采样检验结果不符合标准值要求，必须按年平均、日平均、8 h平均值的要求，用累积采样检验结果评价。

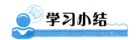

学习小结

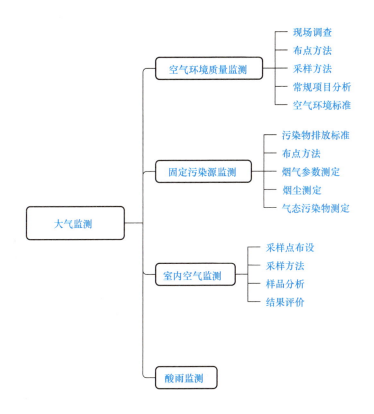

拓展知识

酸雨监测

清洁的降水含有微量的碳酸，可以溶解地壳中的矿物质，为植物提供营养物质。但如果大气受到污染，雨水中的酸性物质增多，pH值减小至5.6以下，就形成酸雨，给环境和生态带来种种危害。

大气降水监测的目的是了解在降雨（雪）过程中，从大气中沉降到地球表面的沉降物的主要组成、性质及有关组分的含量，特别是研究酸雨对土壤、森林、河流等生态系统的潜在危害及对建筑物、材料的腐蚀作用，为分析大气污染状况和提出控制污染途径、方法提供基础资料和依据。

1. 合理布设酸雨监测点位

(1)采样点数量。从理论上讲，监测的网点越密，对掌握酸沉降的时空分布就越有利。但是由于受到人力、物力、财力的限制，网点不可能很密，这就要合理地布设有限的点位。我国技术规范中规定，人口 50 万以上的城市布三个采样点，50 万以下的城市布两个采样点。采样点位置要兼顾城市、农村或清洁对照区。

(2)采样地点的选择。监测点位的设置应考虑区域的环境特点，如地形、气象条件、工农业分布等。采样点应选择在周围开阔处，避免设在当地主要污染源的下风向，远离局部污染源，避开酸、碱、粉尘、主要交通干线等污染源的影响。采样点周围应无遮挡雨雪的高大树木或建筑物。

2. 采样器具

(1)各测点可以用降水自动采样器采集雨样，也可以采用人工采样，接水容器为口径 20 cm、高 20 cm 的聚乙烯塑料桶。降雪样品一律用人工法采样，用口径 40 cm 以上的聚乙烯塑料容器采集。不能采用玻璃、搪瓷制品或金属的容器采集和存放雨样，因为这些材料中含有各种金属离子，在采集或存放过程中会有溶出而污染样品。

(2)采样容器第一次使用前应用 10% HCl(或 HNO_3)溶液浸泡 24 h，然后用自来水冲洗干净，再用去离子水冲洗多次，最后一次冲洗过后的去离子水经电导率检验合格后，倒置晾干、密封保存在干净的橱柜内。

3. 采样方法

24 h 采样一次。若一天中有几次降雨(雪)过程，可合并为一个样品测定；若遇连续几天降雨(雪)，可收集上午 9:00 至次日上午 9:00 的降雨(雪)。

样品采集后，应贴上标签，编好号，并记录采样地点、日期、采样起止时间、降雨(雪)量等情况。

4. 样品处理和保存

(1)降水样品送到实验室后，应先测降雨量，然后取一部分安排电导率和 pH 值的测定。其余样品用 0.45 μm 醋酸和硝酸混合纤维滤膜过滤(滤膜使用前要用去离子水浸泡一昼夜，并用去离子水洗涤数次)，滤液收集到洁净的聚乙烯塑料瓶中，盖上盖子，贴上标签，置于冰箱内低温(4 ℃以下)保存，以备测定离子成分。

(2)若样品为雹、雪，应在实验室内令其自然融化后，取部分样品测定 pH 值和电导率，绝对不能采用电炉或水浴加热的方法使其融化，其余样品经滤膜过滤入无色聚乙烯塑料瓶中于冰箱内 4 ℃以下保存。

(3)盛样容器的清洗同采样容器。

(4)冰箱内 4 ℃以下保存时，电导率、pH 值、NO_3^-、NO_2^-、NH_4^+ 等项目的保存有效期为 24 h，其余离子可保存一个月。

5. 酸雨中各组分的分析方法

为测定酸雨中微量组分的含量，需要采用快速、连续、精密的分析方法。降水中各种组分的分析方法参见：《酸沉降监测技术规范》(HJ/T 165—2004)；《环境空气 降水中阳离子(Na^+、NH_4^+、K^+、Mg^{2+}、Ca^{2+})的测定 离子色谱法》(HJ 1005—2018)；《环境空气 降水中有机酸(乙酸、甲酸和草酸)的测定 离子色谱法》(HJ 1004—2018)。

1. 说明采样时间和采样频率对获得具有代表性的监测结果有何意义?
2. 溶液吸收法中吸收液的选择原则是什么?
3. 直接采样法和富集采样法各有何优缺点?
4. 有一烟道测孔处的直径为 1.5 m,试问共需几个测点?每个测点距烟道测孔内壁的距离为多少?
5. 烟道气需测定的基本参数有哪些?测定基本参数的目的是什么?
6. 大气采样的布点法有哪几种?分别适合于何种情况?
7. 大气中污染物的分布有何特点?掌握它们的分布特点对进行监测有何意义?
8. 什么是总悬浮颗粒物?
9. 怎样用重量法测定大气中的总悬浮颗粒物?为提高准确度,应注意控制哪些因素?
10. 说明大气采样器的基本组成部分及各部分的作用。

项目四　土壤与固体废物监测

知识目标

1. 掌握土壤环境标准的使用；
2. 熟悉土壤和固体废物样品的采集方法；
3. 熟悉土壤和固体废物样品的制备及保存方法；
4. 掌握土壤常规项目的测定方法。

技能目标

1. 能开展环境污染源调查工作；
2. 能规范制定土壤监测方案；
3. 能规范制定固体废物监测方案；
4. 能正确开展土壤样品的采集、制备和常规项目的分析测定。

素质目标

1. 具有良好的协作精神及严谨的工作作风；
2. 具备良好的文字及口头表达能力；
3. 具有良好的职业素养和劳动精神。

任务一　制定土壤质量监测方案

任务导入

从环境污染角度看，土壤是藏纳污垢的场所，常含有各种生物的残体、排泄物、腐烂物及来自大气、水及固体废物中的各种污染物、农药、肥料残留物等。土壤对外来的污染物有一定的自净能力，但是自净能力是有限的，当外来污染物的量超过其本身自净能力时，会破坏物质原有的平衡，造成土壤污染。

在条件允许的情况下，以校园内某绿化区域为监测对象，以小组为单位，依据标准方法，开展监测区域采样点的布设、样品的采集和记录表的填写，采集的样品及时带回实验室风干、制备和保存，全程按标准方法认真实施质量控制与质量保证手段。

知识学习

一、土壤监测基本知识

（一）土壤的组成

土壤是指地球陆地表面呈连续分布、具有肥力并能生长作物的疏松表层，是由岩石风化及大气、水，特别是动植物和微生物对地壳表层长期作用而形成的。土壤介于大气圈、岩石圈、水圈和生物圈之间，是环境中特有的组成部分。土壤的组成十分复杂，从物理形态上可划分为固态、液态和气态。从化学成分上可划分为矿物质、有机质、水分或溶液、空气和土壤微生物五种成分。其中，矿物质占土壤总量的90%以上，是土壤的骨架，而有机质好比土壤的肌肉，水则是土壤的血液，可以说土壤是以固态物质为主的多相复杂体系。土壤中含有的常量元素有碳、氢、硅、硫、磷、钾、铝、铁、钙、镁等；微量元素有硼、氯、铜、锰、钼、钠、钒、锌等。

（二）土壤背景值

土壤背景值又称土壤本底值。在环境科学中，土壤背景值是指在未受或少受人类活动的影响下，尚未受或少受污染和破坏的土壤中有害物质的含量。土壤中有害物质自然背景值是环境保护和土地开发利用的基础资料，是环境质量评价的重要依据。随着人类活动范围和深度的加剧，若想寻找一个绝对未受污染的土壤环境是十分困难的，因此，土壤背景值实际上是一个相对概念。

（三）土壤污染

土壤污染是指人类活动所产生的污染物质通过各种途径进入土壤，其数目超过了土壤的容纳和同化能力，而使土壤的性质、组成及性状等发生变化，并导致土壤的自然功能失调、土壤质量恶化的现象。土壤污染的明显标志是土壤生产能力的降低，即农产品的产量和质量的下降。土壤污染同水、大气一样，可分为天然污染和人为污染两大类。在某些自然矿床中元素和化合物富集中心周围往往形成自然扩散带，使附近土壤中某些元素的含量超出一般土壤含量，这类污染称为自然污染。而由于农业、生活和交通等人类活动所产生的污染物，通过水、气、固等多种形式进入土壤，统称为人为污染。人们所研究的土壤污染主要是由人为污染造成的。其污染来源主要有以下几个方面。

1. 化肥、农药的污染

现代农业生产大量使用化肥和农药，使许多有毒有害物质进入土壤，并累积起来造成了土壤污染。例如，有机氯杀虫剂DDT、三氯杀螨醇，有机磷杀虫剂久效磷、甲胺磷等会在土壤中长期残留，并在生物体内富集。氮、磷等化学肥料，有10%～30%在根层以下累积或转入地下水，成为潜在的环境污染物。

2. 污水灌溉

污水是一种补充水源。污水灌溉是污水资源化的重要途径，同时污水中氮、磷、钾等营养元素又是作物必不可少的养分。但现在的工业（城市）废水中，常含有多种污染物。长期使用这种废水灌溉农田，便会使污染物在土壤和地下水中累积而引起重金属和有机物污染，也可造成作物体内重金属等有害元素的过量残存而使粮食受到污染，进而直接或间接地危害人类的健康。

3. 大气、水体污染物质的迁移

污染物质因大气或水体中污染物质的迁移转化而进入土壤，使土壤随之遭受污染，这也是比较常见的，如北欧、北美的东北部等地区，雨水酸度增大，引起土壤酸化、土壤盐基饱和度降低。1999 年，我国 8 000 万亩以上的耕地遭受不同程度的大气污染，造成巨大的损失。

4. 固体废物污染

土壤是工业废渣、生活垃圾、污泥等的处理和堆放场所，经雨水浸泡后大量重金属、无机盐、有机物和病原体等进入土壤，这也是造成土壤污染的主要原因。

（四）土壤质量标准

土壤质量标准规定了不同用途土壤中污染物的最高允许浓度或范围，是判断土壤质量的依据。我国已制定的部分土壤质量行业或国家标准见表 4-1。

表 4-1　我国已制定的部分有关土壤质量的标准

标准编号	标准名称
GB 15618—2018	《土壤环境质量　农用地土壤污染风险管控标准（试行）》
GB 36600—2018	《土壤环境质量　建设用地土壤污染风险管控标准（试行）》
NY/T 5295—2015	《无公害农产品　产地环境评价准则》
HJ/T 332—2006	《食用农产品产地环境质量评价标准》
HJ/T 333—2006	《温室蔬菜产地环境质量评价标准》

为贯彻《中华人民共和国环境保护法》，保护土壤环境质量，管控土壤污染风险，生态环境部与国家市场监督管理总局联合发布《土壤环境质量　农用地土壤污染风险管控标准（试行）》(GB 15618—2018)和《土壤环境质量　建设用地土壤污染风险管控标准（试行）》(GB 36600—2018)。两项标准自 2018 年 8 月 1 日起实施，《土壤环境质量标准》(GB 15618—1995)废止。

1. 土壤环境质量农用地土壤污染风险管控标准

农用地土壤污染风险是指因土壤污染导致食用农产品质量安全、农作物生长或土壤生态环境受到不利影响。《土壤环境质量　农用地土壤污染风险管控标准（试行）》(GB 15618—2018)规定了农用地土壤污染风险筛选值和管制值，以及监测、实施和监督要求。本标准适

《土壤环境质量
农用地土壤污染风
险管控标准（试行）》
(GB 15618—2018)

用于耕地土壤污染风险筛查和分类。园地和牧草地可参照执行。

(1)农用地土壤污染风险筛选值。农用地土壤污染风险筛选值是指农用地土壤中污染物含量等于或低于该值的，对农产品质量安全、农作物生长或土壤生态环境的风险低，一般情况下可以忽略；超过该值的，对农产品质量安全、农作物生长或土壤生态环境可能存在风险，应当加强土壤环境监测和农产品协同监测，原则上应当采取安全利用措施。

农用地土壤污染风险筛选值的基本项目为必测项目，包括镉、汞、砷、铅、铬、铜、镍、锌，见表 4-2。农用地土壤污染风险筛选值的其他项目为选测项目，包括六六六、滴滴涕和苯并(a)芘，见表 4-3。

表 4-2　农用地土壤污染风险筛选值(基本项目)　　　　　　　　　　　mg/kg

序号	污染物项目[a,b]		风险筛选值			
			pH≤5.5	5.5<pH≤6.5	6.5<pH≤7.5	pH>7.5
1	镉	水田	0.3	0.4	0.6	0.8
		其他	0.3	0.3	0.3	0.6
2	汞	水田	0.5	0.5	0.6	1.0
		其他	1.3	1.8	2.4	3.4
3	砷	水田	30	30	25	20
		其他	40	40	30	25
4	铅	水田	80	100	140	240
		其他	70	90	120	170
5	铬	水田	250	250	300	350
		其他	150	150	200	250
6	铜	果园	150	150	200	200
		其他	50	50	100	100
7	镍		60	70	100	190
8	锌		200	200	250	300

a. 重金属和类金属砷均按元素总量计。
b. 对于水旱轮作地，采用其中较严格的风险筛选值。

表 4-3　农用地土壤污染风险筛选值(其他项目)　　　　　　　　　　　mg/kg

序号	污染物项目	风险筛选值
1	六六六总量[a]	0.10
2	滴滴涕总量[b]	0.10
3	苯并(a)芘	0.55

a. 六六六总量为 α-六六六、β-六六六、γ-六六六、δ-六六六四种异构体的含量总和。
b. 滴滴涕总量为 p,p'——滴滴伊、p,p'——滴滴滴、o,p'——滴滴涕、p,p'——滴滴涕四种衍生物的含量总和。

(2)农用地土壤污染风险管制值。农用地土壤污染风险管制值是指农用地土壤中污染物含量超过该值的,食用农产品不符合质量安全标准等农用地土壤污染风险高,原则上应当采取严格管控措施。农用地土壤污染风险管制值项目包括镉、汞、砷、铅、铬,见表 4-4。

表 4-4　农用地土壤污染风险管制值　　　　　　　　　　mg/kg

序号	污染物项目	风险管制值			
		pH≤5.5	5.5＜pH≤6.5	6.5＜pH≤7.5	pH＞7.5
1	镉	1.5	2.0	3.0	4.0
2	汞	2.0	2.5	4.0	6.0
3	砷	200	150	120	100
4	铅	400	500	700	1 000
5	铬	800	850	1 000	1 300

(3)农用地土壤污染风险筛选值和管制值的使用。

①当土壤中污染物含量等于或者低于表 4-2 和表 4-3 规定的风险筛选值时,农用地土壤污染风险低,一般情况下可以忽略;高于表 4-2 和表 4-3 规定的风险筛选值时,可能存在农用地土壤污染风险,应加强土壤环境监测和农产品协同监测。

②当土壤中镉、汞、砷、铅、铬的含量高于表 4-2 规定的风险筛选值、等于或者低于表 4-4 规定的风险管制值时,可能存在食用农产品不符合质量安全标准等土壤污染风险,原则上应当采取农艺调控、替代种植等安全利用措施。

③当土壤中镉、汞、砷、铅、铬的含量高于表 4-4 规定的风险管制值时,食用农产品不符合质量安全标准等农用地土壤污染风险高,且难以通过安全利用措施降低食用农产品不符合质量安全标准等农用地土壤污染风险,原则上应当采取禁止种植食用农产品、退耕还林等严格管控措施。

土壤环境质量类别划分应以本标准为基础,结合食用农产品协同监测结果,依据相关技术规定进行划定。

2. 土壤环境质量建设用地土壤污染风险管控标准

建设用地是指建造建筑物、构筑物的土地,包括城乡住宅和公共设施用地、工矿用地、交通水利设施用地、旅游用地、军事设施用地等。请通过扫描二维码学习《土壤环境质量 建设用地土壤污染风险管控标准(试行)》(GB 36600—2018)并说出建设用地土壤污染风险筛选值和风险管制值的含义及其使用。

《土壤环境质量 建设用地土壤污染风险管控标准(试行)》
(GB 36600—2018)

二、土壤监测方案的制定

(一)监测目的

(1)土壤质量现状监测。监测土壤质量标准要求测定的项目,判断土壤是否被污染及污染水平,并预测其发展变化趋势。

(2)土壤污染事故监测调查。分析引起土壤污染的主要污染物,确定污染的来源范围和程度,为行政主管部门采取对策提供科学依据。

(3)土壤修复的动态监测。对已污染土壤进行治理和修复过程中,对残留的污染物进行定点长期动态监测,掌握污染土壤治理效果。

(4)土壤背景值调查。通过分析测定土壤中某些元素的含量,确定土壤中各元素的背景值水平和变化。

(二)资料收集

采样前要对监测地区进行资料收集。主要内容包括以下几个方面:
(1)区域的自然条件:地质、地貌、植被、水文、气候等;
(2)土壤性状:土壤类型、剖面特征、分布及物理化学特征等;
(3)农业生产情况:土地利用、农作物生长情况与产量、耕作制度、水利、肥料和农药的施用等;
(4)污染历史与现状:通过水、气、农药、肥料等途径及矿藏的影响。

(三)监测项目

《土壤环境监测技术规范》(HJ/T 166—2004)中对土壤监测项目与频次的要求,见表 4-5。

表 4-5　土壤监测项目、频次与分析方法

项目类别		监测项目	监测频次
必测项目	基本项目	pH 值、阳离子交换量	每 3 年一次 农田在夏收或秋收后采样
	重点项目	镉、铬、汞、砷、镍、铜、锌、铅	
特定项目(污染事故)		特征项目	及时采样,根据污染物变化趋势决定监测频次
选测项目	影响产量项目	全盐量、硼、氟、氮、磷、钾等	每 3 年监测一次 农田在夏收或秋收后采样
	污水灌溉项目	氰化物、六价铬、挥发酚、烷基汞、苯并(a)芘、有机质、硫化物、石油类等	
	POPs 与高毒类农药	苯、挥发性卤代烃、有机磷农药、PCB、PAH 等	
	其他污染项目	结合态铝(酸雨区)、钒、氧化稀土总量、钼、铁、锰、镁、钙、钠、铝、硅、放射性比活度、硒等	

(四)采样点的布设

在调查研究的基础上,选择能代表被调查区域的地块,并挑选一定面积的非污染区

做分析对照，布设一定数量的采样点。每个采样点是一个采样分析单位，应能够代表被监测区的一定面积或地段的土壤。由于土壤本身在空间分布上具有不均匀性，所以应多点采样并均匀混合成为具有代表性的土壤样品。在同一个采样测定单位里，区域面积在1 000～1 500 m² 以内的，可在不同方位上选择5～10 个具有代表性的采样点。采样点的分布应尽量照顾土壤的全面情况，不能太集中。总之，采样布点的原则是要有代表性和对照性。下面介绍几种常用的布点方法：

(1)对角线布点法。对角线布点法适用于面积小、地势平坦的污水灌溉或受污染的河水灌溉的田块。布点的方法是由田块进水口向对角引一斜线，将此对角线三等分，在每等份的中间设一采样点，即每一田块设三个采样点。根据污染调查的结果、田块面积和地形等条件，采样点数可做适当的变动，如图 4-1(a)所示。

(2)梅花形布点法。梅花形布点法适用于面积中等、地势平坦、土壤较为均匀的田块，中心点设在两对角线相交处，一般设 5～10 个采样点，如图 4-1(b)所示。

(3)棋盘式布点法。棋盘式布点法适用于中等面积、地势平坦、地形完整开阔，但土壤较不均匀的田块，一般采样点在 10 个以上。该方法也适用于固体废物污染的土壤，因固体废物分布不均匀，采样点应设 20 个以上，如图 4-1(c)所示。

(4)蛇形布点法。蛇形布点法适用于面积较大、地势不很平坦、土壤不够均匀的田块。布设采样点数目较多，如图 4-1(d)所示。

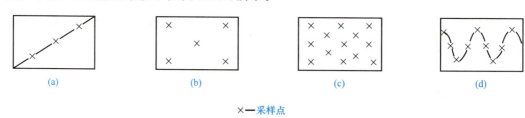

×—采样点

图 4-1　土壤采样布点示意

(a)对角线布点法；(b)梅花形布点法；(c)棋盘式布点法；(d)蛇形布点法

为了客观全面地评价土壤污染情况，在布点的同时要与土壤生长作物监测同步进行布点、采样和监测，以利于对比和分析。

(五)土壤样品采集与制备

1. 采样深度和采样量

如果只是一般的了解情况，采样深度只需取由地面垂直向下 15 cm 左右的耕层土壤或由地面垂直向下 15～20 cm 范围内的土样。如果要了解土壤污染深度，则应按土壤剖面层次分层取样，如图 4-2 所示。

土壤剖面是指地面向下的垂直土体的切面。典型的自然土壤剖面分为 A 层(表层、腐殖质淋溶层)、B 层(亚层、沉积层)、C 层(风化母岩层、母质层)和底岩层。采集土壤剖面样品时，需在特定采样地点挖掘一个 1 m×1.5 m 左右的长方形土坑，深度约在 2 m 以内，一般要求达到母质或潜水处即可。根据土壤剖面的颜色、结构、质地、松紧度、

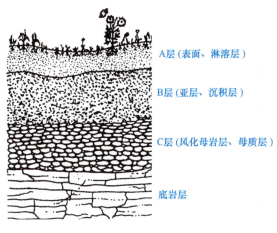

图 4-2　土壤剖面示意

温度、植物根系分布等划分土层,并进行仔细观察,将剖面形态、特征自上而下逐一记录。随后在各层最典型的中部自下而上逐层采样,即在各层内分别用小土铲切取一小片土壤样。每个采样点的取土深度和取样量应一致。根据监测目的和要求可获得分层试样或混合样。用于重金属项目分析的土样,应将和金属采样器接触部分的土样弃去。

混合样是多点均量混合而成的,取样量往往较大,而实际供分析的土样不需要太多,具体需要量可由分析项目而定,采样量一般要求新鲜样品为 1 kg 左右。因此,对所得混合土壤样品,应反复按四等分法弃取,最后留下所需的土样量,装入布袋或塑料袋内。

2. 采样时间

采样时间随测定目的而定。为了了解土壤污染状况,可随时采集土样测定。若需要同时了解土壤上生长作物的污染状况,则可在植物生长或收获季节同时采集土壤和植物样品。对于环境影响跟踪监测项目,可根据生产周期或根据年度计划实施土壤质量监测;对于地下水水位的变化情况,安排合理的采样时间和采样频次。但每次采样必须尽量保持采样点位置的固定,以确保测试数据的有效性和可比性。

3. 采样注意事项

(1) 采样点不应选在田边、路旁或肥堆旁等受人为干扰较大的地方。

(2) 样品采集后应装入布袋或塑料袋中,同时写好两张标签,一张在袋内,一张扎在袋口上,标签上写明采样地点、采集深度、采样日期及采样人。

(3) 同时对采样点的基本情况应书面另行记录。

4. 土壤样品的制备

(1) 土样的风干。风干的方法是将采得的土壤全部倒在塑料薄膜或瓷盘内在阴凉处慢慢风干,在半干状态时压碎土块,除去植物残体、石块、砂砾等杂物,铺成薄层,在室温下经常翻动,充分风干,切忌阳光直接照射,防止灰尘落入及酸、碱等气体的污染。需要测定土壤样品中的游离挥发酚、铵态氮、硝态氮、低价铁、挥发性有机物等不稳定项目时,应在采样现场采集新鲜土样并对采样瓶进行严格密封。除此之外,多数项目需用风干土样。风干后的样品容易混合均匀，分析结果的重复性、准确性都比较好。

风干后土壤含水率一般小于5％。

（2）磨碎和过筛。取一定量风干后的土样放在木板上用有机玻璃棒或木棒反复碾碎后，全部通过2 mm孔径尼龙筛。筛下样品充分搅拌均匀，反复按四分法缩分，留下足够供分析用的数量。

分析项目不同，对土壤颗粒细度要求不同。进行物理分析时，用已通过2 mm孔径筛的土样；分析有机质、全氮项目时，应取一部分已通过2 mm筛的土样，用玛瑙钵继续研细，使其全部通过60号筛(0.25 mm)；用原子吸收法测定重金属元素时，用玛瑙钵研细土样至全部通过100号尼龙筛。研磨过筛后的样品分别放入预先清洗、烘干并冷却后的磨口玻璃瓶中以备分析用，并及时贴好标签、编号储存。制备样品时，必须注意避免样品受污染。

筛网规格有两种表示方法：一种以筛孔直径的大小表示，如孔径为2 mm、1 mm、0.5 mm；另一种以每英寸长度上的孔数来表示，如每英寸长度上有80孔的筛子，为80目筛(或称80号筛)；每英寸有100孔的为100号筛。孔数越多，孔径越小。

（3）土样的保存。一般土样，通常要保存半年至一年，以备必要时查核；标样或对照样品，则需长期妥善保存，建议采用蜡封瓶口。样品保存应注意避免日光、高温、受潮及酸、碱气体等的影响。

5. 样品预处理

在土壤样品的监测分析中，根据分析项目的不同，首先将固体土壤样品转化成溶液来进行测定，这一过程称为样品预处理。测定土壤中的有机物通常直接用有机溶剂萃取、索氏提取、超声提取、微波提取等方法。测定无机物需将土壤样品进行溶解，有酸溶解法和碱熔法。

（1）酸溶解法。酸溶解法又称湿法氧化、湿法消化。测定土壤中重金属时常选用各种酸及混合酸对土壤样品进行消化。消化的作用是破坏、除去土壤中的有机物；溶解固体物质；将各种形态的金属变为同一种可测态。为了加速土壤中被测物质的溶解，除使用混合酸外，还可在酸性溶液中加入其他氧化剂或还原剂。常用的混合酸有以下几种：

①王水（盐酸-硝酸）消化：王水是1体积硝酸和3体积盐酸的混合物。其可用于消化测定铜、锌、铅等组分的土壤样品。

②硝酸-硫酸消化：由于硝酸氧化能力强、沸点低，硫酸具有氧化性且沸点高，因此，二者混合使用，既可利用硝酸的氧化能力，又可提高消化温度，消化效果较好。常用的硫酸与硝酸的比例为2∶5。消化时先将土壤样品湿润，然后加硝酸于样品中，加热蒸发至较少体积时，再加硫酸加热至冒白烟，使溶液变至无色透明清亮。冷却后用蒸馏水稀释，若有残渣，需进行过滤或加热溶解。必须注意的是，在加热溶解时，开始低温，然后逐渐高温，以免迸溅引起损失。

③硝酸-高氯酸消化：硝酸-高氯酸消化适用于含难氧化有机物的样品处理，是破坏有机物的有效方法。在消化过程中，硝酸和高氯酸分别被还原为氮氧化合物和氯气（或氯化

氢)自样液中逸出。由于高氯酸能与有机物中的羟基生成不稳定的高氯酸脂,有爆炸危险,因此操作时,先加硝酸将醇类中的羟基氧化,冷却后在一定量硝酸的情况下加高氯酸处理,切忌将高氯酸蒸干,因无水高氯酸会爆炸。样品消化时必须在通风橱内进行,而且应定期清洗通风橱,避免因长期使用高氯酸引起爆炸。

④硫酸-磷酸消化:这两种酸的沸点都较高。硫酸具有氧化性,磷酸具有配合性,能消除铁等离子的干扰。

(2)碱熔法。碳酸钠碱熔是土壤样品预处理的一种经典方法,一般用于土壤中氟化物的测定。其基本原理是利用碳酸钠的强碱性将土壤样品在高温(900 ℃左右)条件下熔融,最后用稀 HCl 溶解,将待测成分转化为待测液。碱熔法的优点是分解样品比较完全;缺点是因添加了大量可溶性的碱熔剂,易引进污染物质;有些重金属如 Cd、Cr 等在高温熔融时易损失;在原子吸收和等离子发射光谱仪的喷燃器上,有时会有盐结晶析出并导致火焰的分子吸收,使结果出现偏差。

(3)干灰化法。干灰化法又称燃烧法或高温分解法。根据待测组分的性质,选用铂、石英、银、镍或瓷坩埚盛装样品,将其置于高温电炉中加热,控制温度为 450 ℃～550 ℃,使其灰化完全,将残渣溶解供分析用。

对于易挥发的元素,如汞、砷等,为了避免高温灰化损失,可用氧瓶燃烧法进行灰化。此方法是将样品包在无灰滤纸中,滤纸包挂在磨口塞的铂丝上,瓶中预先充入氧气和吸收液,将滤纸引燃后,迅速盖紧瓶塞,让其燃烧灰化,摇动瓶子让燃烧产物溶解于吸收液中,溶液供分析用。

(4)溶剂提取。分析样品中的有机氯、有机磷农药和其他有机物时,由于这些污染物质的含量多数是微量的,如果要得到正确的分析结果,就必须在两方面采取措施:一方面是尽量使用灵敏度较高的先进仪器及分析方法;另一方面是利用较简单的仪器设备,对分析样品进行浓缩、富集和分离。常用的方法是溶剂提取法。用溶剂将待测组分从土壤中提取出来,提取液供分析用。提取方法有下列几种:

①振荡提取法:将一定量经制备的土壤样品置于容器中,加入适当的溶剂,放置在振荡器上振荡一定时间,过滤,用溶剂淋洗样品,或再提取一次,合并提取液。此方法用于土壤中酚、油类等的提取。

②索氏提取法:索氏提取器是提取有机物的有效仪器。它主要用于提取土壤样品中苯并(a)芘、有机氯农药、有机磷农药和油类等。将经过制备的土壤样品放入滤纸筒中或用滤纸包紧,置于回流提取器内。蒸发瓶中盛装适当有机溶剂,仪器组装好后,水浴加热。此时,溶剂蒸发经支管进入冷凝器内,凝结的溶剂滴入回流提取器,对样品进行浸泡提取,当溶剂液面达到虹吸管顶部时,含提取液的溶剂回流入蒸发瓶中,如此反复进行直到提取结束。选取什么样的溶剂,应根据分析对象来选定。该方法因样品都与纯溶剂接触,所以提取效果好,但较费时。

③柱层析法:一般是当被分析样品的提取液通过装有吸附剂的吸附柱时,相应被分析的组分吸附在固体吸附剂的活性表面上,然后用合适的溶剂淋洗出来,达到浓缩、分离、净化的目的。常用的吸附剂有活性炭、硅胶、硅藻土等。

6. 分析方法

土壤污染主要由两方面因素所引起,一方面是工业废物,主要是废水和废渣;另一方面是使用化肥和农药所引起的副作用。其中,工业废物是土壤污染的主要原因(包括无机污染和有机污染)。土壤污染的主要监测项目是对土壤、作物有害的重金属如铜、镉、汞、铬,非金属及其化合物如砷、氰化物、氟化物、硫化物及残留的有机农药等进行监测。土壤污染监测所用方法与水质、大气分析方法类同。常用方法如下:

(1)重量法:适用于测定土壤水分;

(2)滴定法:适用于浸出物中含量较高的成分的测定,如 Ca^{2+}、Mg^{2+}、Cl^-、SO_4^{2-} 等;

(3)分光光度法、原子吸收法、等离子体发射光谱法:适用于重金属(如铜、镉、铬、铅、汞、锌等组分)的测定;

(4)气相色谱法:适用于有机氯、有机磷及有机汞等农药的测定。

7. 土壤监测评价

我国土壤环境质量评价涉及评价因子、评价标准和评价模式。评价因子数量与项目类型取决于监测的目的和现实的经济和技术条件。评价标准常采用国家土壤质量标准、区域土壤背景值等。评价模式常用污染指数法或者与其有关的评价方法。

(1)污染指数、超标率(倍数)评价。土壤环境质量评价一般以单项污染指数为主,指数小污染轻,指数大污染则重。土壤由于地区背景差异较大,用土壤污染累积指数更能反映土壤的人为污染程度。土壤污染物分担率可评价确定土壤的主要污染项目,污染物分担率由大到小排序,污染物主次也同此序。除此之外,土壤污染超标倍数、样本超标率等统计量也能反映土壤的环境状况。污染指数和超标率等计算公式如下:

$$\text{土壤单项污染指数} = \text{土壤污染物实测值} / \text{土壤污染物质量标准} \tag{4-1}$$

$$\text{土壤污染累积指数} = \text{土壤污染物实测值} / \text{污染物背景值} \tag{4-2}$$

$$\text{土壤污染物分担率}(\%) = (\text{土壤某项污染指数} / \text{各项污染指数之和}) \times 100\% \tag{4-3}$$

$$\text{土壤污染超标倍数} = (\text{土壤某污染物实测值} - \text{某污染物质量标准}) / \text{某污染物质量标准} \tag{4-4}$$

$$\text{土壤污染样本超标率}(\%) = (\text{土壤样本超标总数} / \text{监测样本总数}) \times 100\% \tag{4-5}$$

(2)内梅罗污染指数评价。内梅罗污染指数按下式计算:

$$p_{综} = \sqrt{\frac{P_{max}^2 + P_{ave}^2}{2}} \tag{4-6}$$

式中,P_{ave} 和 P_{max} 分别是平均单项污染指数和最大单项污染指数。

内梅罗污染指数反映了各污染物对土壤的作用。同时,突出了高浓度污染物对土壤环境质量的影响,可按内梅罗污染指数,划定污染等级。

1级(污染综合指数≤0.7),为安全级,土壤无污染;

2级(污染综合指数为0.7~1),为警戒级,土壤尚清洁;

3级(污染综合指数为1~2),为轻污染,土壤污染超过背景值,作物、果树开始被污染;

4级(污染综合指数为2~3),为中污染,作物或果树受中度污染;

5级(污染综合指数>3),为重污染,作物或果树受严重污染。

任务二　制定固定废物监测方案

任务导入

固体废物来自人类活动的许多环节,包括生产过程和生活过程的各个环节。本任务以当地生产型企业为实践场所,以小组为单位开展现场调查和资料收集,分析固体废物产生的工艺环节、种类、形态、数量和特性,以及固体废物产生的形式(间断/连续)和储存(处置)方式等内容,确定固体废物监测项目、样品采集和制备方法。出具包括项目概况、监测依据、监测项目、样品采集和制备与保存方法、分析方法、监测质量控制及质量保证等内容的完整监测方案。

知识学习

一、固体废物监测基本知识

1. 固体废物的定义

固体废物是指在人类生产和生活中产生的、在一定时间和地点无法利用而丢弃的污染环境的固态和半固态物质。所谓废物则仅仅是相对于某一过程或某一方面失去利用价值,具有相对性特点。固体废物的概念具有时间性和空间性,某一过程的废物随时间和空间条件的变化,往往可以是另一过程的原料,因此,称固体废物为"在错误时间放在错误地点的原料"是有道理的。

2. 固体废物的分类

固体废物按其组成成分可分为有机废物和无机废物;按其形态可分为固态废物和半固态废物;按其污染特性可分为有害废物与一般废物。在《中华人民共和国固体废物污染环境防治法》中将其分为城市固体废物、工业固体废物和有害废物。

(1)城市固体废物:城市固体废物是指居民生活、商业活动、市政建设与维修、机关办公等过程产生的固体废物。其一般可分为生活垃圾、城建渣土、商业固体废物等。

(2)工业固体废物:工业固体废物是指在工业、交通等生产过程中产生的固体废物。工业固体废物主要包括冶金工业固体废物、能源工业固体废物、石油化工工业固体废物、矿业固体废物、轻工业固体废物、其他工业固体废物。

(3)有害废物:有害废物包括放射性废物和危险废物。放射性废物虽然具有危害性,但是不在危险废物管理范围之内,应按照《中华人民共和国放射性污染防治法》进行管理;危险废物泛指除放射性废物外,具有毒性、易燃性、反应性、腐蚀性、爆炸性、传染性、因而可能对人体健康和生活环境产生危害的废物。

固体废物除以上三种外，还有来自农业生产、畜禽饲料、农副产品加工及农村居民生活所产生的废物，如农作物秸秆、人畜禽排泄物等。这些废物一般就地加以综合利用，或做沤肥处理，或做燃料焚烧。

表 4-6 列出了一般固体废物的分类及其来源。

表 4-6 一般固体废物的分类及其来源

类型	产生源	产生的主要固体废物
工业废物	矿业	废石、尾矿、金属、废木、砖瓦和水泥、砂石等
	建筑材料工业	金属、水泥、黏土、陶瓷、石膏、石棉、砂、石、纸和纤维
	冶金、机械、交通等工业	金属、渣、砂石、模型、芯、陶瓷、涂料、管道、绝热和绝缘材料、粘结剂、污垢、废木、塑料、橡胶、纸、各种建筑材料、烟尘
	食品加工	肉、谷物、蔬菜、硬壳果、水果、烟草等
	橡胶、皮革、塑料等工业	橡胶、塑料、皮革、布、线、纤维、染料、金属等
	石油化工工业	化学药剂、金属、塑料、橡胶、陶瓷、沥青、污泥油毡、石棉、涂料等
	电器、仪器仪表等工业	金属、玻璃、木、橡胶、化学药剂、研磨料、陶瓷、绝缘材料等
	纺织服装工业	布头、纤维、金属、橡胶、塑料等
	造纸、木材、印刷等工业	刨花、锯末、碎木、化学药剂、金属填料、塑料
城市垃圾	居民生活	食物、垃圾、纸、木、布、庭院植物修剪物、金属、玻璃、塑料、陶瓷、燃料灰渣、脏土、碎砖瓦、废器具、粪便、杂品等
	商业、机关	同上，另有管道、碎砌体、沥青、其他建筑材料，含有易燃、易爆、腐蚀性、放射性的废物以及废汽车、废电器、废器具等
	旅客列车	纸、果屑、残剩食品、塑料、泡沫盒、玻璃瓶、金属罐、粪便等
	市政维修、管理部门	脏土、碎砖瓦、树叶、死禽畜、金属、锅炉灰渣、污泥等
农业废物	农业、林业	秸秆、蔬菜、水果、果树枝条、糠秕、人和禽畜粪便、农药等
	水产、畜产加工	腥臭死禽畜、腐烂鱼虾和贝壳、加工污水、污泥等

3. 危险废物的定义和鉴别

危险废物是指列入国家危险废物名录或者根据国家规定的危险废物鉴别标准和鉴别方法认定的具有危险特性的废物。

《国家危险废物名录》规定，危险废物的危险特性包括腐蚀性、毒性、易燃性、反应性和传染性。列入本名录附录《危险废物豁免管理清单》中的危险废物，在所列的豁免环节，且满足相应的豁免条件时，可以按照豁免内容的规定实行豁免管理。危险废物鉴别标准见表 4-7。

国家危险废物名录

表 4-7 危险废物鉴别标准

标准名称	标准编号
《危险废物鉴别标准 腐蚀性鉴别》	GB 5085.1—2007
《危险废物鉴别标准 急性毒性初筛》	GB 5085.2—2007
《危险废物鉴别标准 浸出毒性鉴别》	GB 5085.3—2007
《危险废物鉴别标准 易燃性鉴别》	GB 5085.4—2007
《危险废物鉴别标准 反应性鉴别》	GB 5085.5—2007
《危险废物鉴别标准 毒性物质含量鉴别》	GB 5085.6—2007
《危险废物鉴别标准 通则》	GB 5085.7—2019
《危险废物鉴别技术规范》	HJ 298—2019

二、固体废物监测方案的制定

(一)资料收集

监测目的明确后,进行现场踏勘时,应着重了解固体废物以下几个方面:

(1)固体废物的产生(处置)单位、产生时间、产生形式(间断还是连续)、储存(处置)方式;
(2)固体废物的种类、形态、数量、特性;
(3)固体废物试验及分析的允许误差和要求;
(4)固体废物污染环境、监测分析的历史资料;
(5)固体废物产生、堆存、处置或综合利用等情况,现场及周围环境。

(二)监测项目

监测项目包括水分含量、pH 值、总汞、总镉、总铬、铅、砷等。

水分含量测定方法同土壤样品中水分含量的测定。若样品中含有较多遇热减重的非水成分,则应采用的方法:将适量样品放在盛有蓝色硅胶的干燥器中,待达到稳定平衡,即 24 h 变动量小于 0.5% 时,进行称量并计算水分含量。

(三)样品的采集

1. 采样工具

常用的采样工具包括尖头钢锹、钢尖镐(腰斧)、采样铲、具盖采样桶或内衬塑料的采样袋。

2. 采样程序

根据固体废物批量大小确定应采的子样(由一批废物中的一个点或一个部位,按规定量取出的样品)个数;根据固体废物的最大粒度(95%以上能通过的最小筛孔尺寸)确定子样量;根据采样方法,随机采集子样,组成总样,并认真填写采样记录表。

3. 采样数目

按表 4-8 确定应采子样数目。

表 4-8 批量大小与最少子样数

批量大小(单位:液体为 m^3,固体为 t)	最少子样个数	批量大小(单位:液体为 m^3,固体为 t)	最少子样个数
<5	5	500~1 000	25
5~50	10	1 000~5 000	30
50~100	15	>5 000	35
100~500	20		

按表 4-9 确定每个子样应采的最小质量。所采的每个子样量应大致相等,其相对误差不大于 20%。表中要求的采样铲容量为保证一次在一个地点或部位能取到足够数量的子样量。液态废物的子样量以不小于 100 mL 的采样瓶所盛量为准。

表 4-9 子样量和采样铲容量

最大粒度/mm	最小子样重量/kg	采样铲容量/mL	最大粒度/mm	最小子样重量/kg	采样铲容量/mL
>150	30		20~40	2	800
100~150	15	16 000	10~20	1	300
50~100	5	7 000	<10	0.5	125
40~50	3	1 700			

4. 采样方法

(1)现场采样。在生产现场采样,首先确定样品的批量,然后按下式计算出采样间隔,进行流动间隔采样。

$$采样间隔 \leq 批量(t)/规定的子样量 \quad (4-7)$$

应该注意:采第一个子样时,不准在第一间隔的起点开始,可在第一间隔内任意确定。

(2)运输车及容器采样。在运输一批固体废物时,当车数不多于该批废物规定的子样数时,每车应采子样按下式计算:

$$每车应采样数 = 规定子样数/车数 \quad (4-8)$$

当车数多于规定的子样数时,按表 4-10 选出所需最少的采样车数,然后从所选车中随机采集一个子样。在车中,采样点应均匀分布在车厢的对角线上,如图 4-3 所示,端点距离车角应大于 0.5 m,表层去掉 30 cm。

对于一批若干容器盛装的废物,按表 4-10 选取最少容器数,并且每个容器中均随机采两个样品。

表 4-10 所需最少采样车数(容器数)

车数(容器)	所需最少采样车数(容器数)/辆(个)	车数(容器)	所需最少采样车数(容器数)/辆(个)
<10	5	50～100	30
10～25	10	>100	50
25～50	20	—	—

 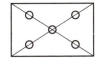

图 4-3 车厢中采样布点

(3)废渣堆采样。在废渣堆两侧距堆底 0.5 m 处划第一条横线,然后向上每隔 0.5 m 再划一条横线;再每隔 2 m 划一条横线的垂线,其交点作为采样点。按表 4-8 确定的子样数,确定采样点数,在每点上从 0.5～1.0 m 深处各随机采样一份,如图 4-4 所示。

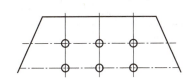 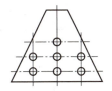

图 4-4 废渣堆中采样点的分布

(四)样品的制备与保存方法

1. 样品的制备

(1)制样工具。制样工具包括粉碎机、药碾、木锤或有机玻璃棒、标准套筛、十字分样板、机械缩分器。

(2)制样要求。在制样全过程中,应防止样品产生任何化学变化和污染。若制样过程中可能对样品的性质产生显著影响,则应尽量保持原来状态。湿样品应在室温下自然干燥,使其达到适于粉碎、筛分、缩分的程度。

(3)制样程序。

①粉碎:用机械或人工方法把全部样品逐级粉碎,通过 5 mm 筛孔。粉碎过程中,不可随意丢弃难于破碎的粗粒。

②缩分:将样品在清洁、平整、不吸水的板面上堆成圆锥形,每铲物料自圆锥顶端落下,使均匀地沿锥尖散落,不可使圆锥中心错位。反复转堆,至少三周,使其充分混合。然后将圆锥顶端轻轻压平,摊开物料后,用十字板自上压下,分成四等份,取两个对角的等份,重复操作数次,直至不少于 1 kg 试样为止。

2. 样品的保存

制备好的样品密封于容器中保存(容器应对样品不产生吸附，不使样品变质)，贴上标签备用。标签上应注明标号、废物名称、采样地点、批量、采样人、制样人、时间。特殊样品可采用冷冻或充惰性气体等方法保存。

制备好的样品，一般有效保存期为三个月，易变质的试样不受此限制。最后填写好采样记录，见表4-11，一式三份，分别存于有关部门。

表4-11 采样记录

样品登记号		样品名称	
采样地点		采样数量	
采样时间		废物所属单位名称	
采样现场简述			
废物产生过程简述			
样品可能含有的主要有害成分			
样品保存方式及注意事项			
样品采集人及接受人			
备注		负责人签字	

(五)固体废物浸出液的制备与分析

固体废物受到水的冲淋、浸泡，其中的有害成分将会转移到水相中而污染地面水、地下水，导致二次污染。浸出是指可溶性组分溶解后，从固相进入液相的过程。固体废物遇水浸沥浸出的有害物质迁移转化，污染环境，这种危害特性称为浸出毒性。因此，浸出毒性是评价固体废物可能造成环境污染，特别是水环境污染的重要指标，既可用于固体废物有害特性的鉴别，又可用于污染源、堆放场及填埋场的环境影响评价。

1. 浸出液的制备

浸出试验方法主要有翻转法《固体废物 浸出毒性浸出方法 翻转法》(GB 5086.1—1997)、水平振荡法《固体废物浸出毒性浸出方法 水平振荡法》(HJ 557—2010)、硫酸硝酸法《固体废物 浸出毒性浸出方法 硫酸硝酸法》(HJ/T 299—2007)和醋酸缓冲溶液法《固体废物 浸出毒性浸出方法 醋酸缓冲溶液法》(HJ/T 300—2007)。翻转法和水平振荡法适用于固体废物中无机物污染物(氰化物、硫化物等不稳定污染物除外)的浸出毒性鉴别；硫酸硝酸法和醋酸缓冲溶液法适用于固体废物中无机物和有机物的浸出毒性鉴别，但醋酸缓冲溶液法不适用于氰化物的浸出毒性鉴别。

(1)水平振荡法。样品中含有初始液相时，应用压力过滤器和滤膜对样品进行过滤。干固体百分率小于或等于9%的，所得到的初始液相即为浸出液，直接进行分析；干固体百分率大于9%的，称取干基100 g置于2 L提取瓶中，根据样品的含水率，按液固比为10∶1(L/kg)计算出所需浸提剂的体积，加入浸提剂(纯水)，盖紧瓶盖后垂直固定在水平振荡装置上，调节振荡频率为(110±10)次/min、振幅为40 mm，在室温下振荡8 h后取下提取瓶，静置16 h。过滤并收集浸出液，初始液相与全部浸出液混合后进行分析。

（2）硫酸硝酸法。样品中含有初始液相时，将浸出液采集装置与零顶空提取器(ZHE)连接，缓慢升压至不再有滤液流出，收集初始液相，冷藏保存。干固体百分率小于或等于9%的，所得到的初始液相即为浸出液，直接进行分析；干固体百分率大于9%的，按液固比为(10∶1)L/kg计算出所需浸提剂的体积，加入浸提剂（纯水），将ZHE固定在翻转式振荡装置上，调节转速为(30±2)r/min，于(23±2)℃下振荡(18±2)h。振荡停止后取下ZHE，用收集有初始液相的同一个浸出液采集装置收集浸出液，冷藏保存，用于测定氰化物和挥发性有机物的浸出毒性。

样品中含有初始液相时，应用压力过滤器和滤膜对样品进行过滤。干固体百分率小于或等于9%的，所得到的初始液相即为浸出液，直接进行分析；干固体百分率大于9%的，称取干基150～200 g置于2 L提取瓶中，根据样品的含水率，按液固比为(10∶1)L/kg计算出所需浸提剂的体积，加入浸提剂（浸提剂制备方法：将质量比为2∶1的浓硫酸和浓硝酸混合液加入纯水，按1L纯水加入2滴混合液的比例滴加，使pH值为3.20±0.05）盖紧瓶盖后垂直固定在翻转式振荡装置上，调节转速为(30±2)r/min，于(23±2)℃下振荡(18±2)h。过滤并用收集浸出液，于4 ℃下保存。用于测定重金属和半挥发性有机物的浸出毒性。

2. 浸出液的分析

浸出液分析项目按有关标准的规定及相应的分析方法进行。浸出毒性鉴别可参考《危险废物鉴别标准 浸出毒性鉴别》(GB 5085.3—2007)中危害成分分析方法。固体废物浸出液中任何一种危害成分的浓度超过标准中浸出毒性鉴别标准表中所列的浓度限值，则该固体废物是具有浸出毒性特征的危险废物。

《危险废物鉴别标准 浸出毒性鉴别》
(GB 50853—2007)

任务三　土壤与固体废物监测项目分析测定

任务导入

以小组为单位，利用本项目中任务一制备好的土壤样品，选定1～2种分析项目，查阅土壤监测项目的分析标准方法，严格按照标准要求实施项目的分析测定，并选择适用的土壤质量评价标准，做出质量评价，编制监测报告。

知识学习

一、土壤 pH 值的测定

pH 值是土壤的重要指标之一。在土壤理化分析中，土壤 pH 值与很多项目的分析方法和分析结果有密切关系，因而是审查其他项目结果的一个依据。土壤 pH 值易于测定，常用作土壤分类、利用、管理和改良的重要参考。土壤酸碱度对土壤中重金属的活性有明显的影响。例如，镉在酸性土壤中溶解度大，对植物的毒性较大；在碱性土壤中则溶解度减小，毒性降低。

土壤 pH 值可分为水浸 pH 值和盐浸 pH 值。前者是用蒸馏水浸提土壤测定的 pH 值，代表土壤的活性酸度(碱度)；后者是用某种盐溶液浸提测定的 pH 值，大体上反映土壤的潜在酸。盐浸提液常用 1 mol/L KCl 溶液或用 0.5 mol/L $CaCl_2$ 溶液，在浸提土壤时，其中的 K^+ 或 Ca^{2+} 即与胶体表面吸附的 Al^{3+} 和 H^+ 发生交换，使其相当部分被交换进入溶液，故盐浸 pH 值较水浸 pH 值低。

土壤 pH 值的测定方法包括比色法和电位法。电位法的精确度较高，pH 值误差约为 0.02 单位，现已成为室内测定的常规方法。野外速测常用混合指示剂比色法，其精确度较差，pH 值误差在 0.5 左右。

(一) 混合指示剂比色法(野外速测法)

1. 方法原理

混合指示剂在不同 pH 值的土壤溶液中显示不同的颜色，故根据其颜色变化即可确定土壤溶液的 pH 值。

2. 操作步骤

取黄豆大小的待测土壤样品，放入白瓷板孔穴中，加入 8 滴混合指示剂使土壤样品湿润，用玻璃棒搅拌使土粒与指示剂充分接触。然后静置到土壤溶液稍澄清(约 1 min 后)，倾斜白瓷板，用边缘显示的溶液颜色与 pH 值比色卡比较，估读土壤的 pH 值。

3. 混合指示剂的配制

取麝草兰(T.B) 0.025 g、千里香兰(B.T.B) 0.4 g、甲基红(M.R) 0.066 g、酚酞 0.25 g，溶于 500 mL 95% 的酒精中，加同体积蒸馏水，再以 0.1 mol/L NaOH 调至草绿色即可。pH 值比色卡用此混合指示剂制作。

(二) 电位测定法(HJ 962—2018)

1. 方法原理

以水为浸提剂，水土比为 2.5∶1，将指示电极和参比电极(或 pH 值复合电投)浸入土壤悬浊液时，构成一原电池，在一定的温度下，其电动势与悬浊液的 pH 值有关，通过测定原电池的电动势即可得到土样的 pH 值。

2. 试剂和材料

除非另有说明，分析时均使用符合国家标准的分析纯试剂。

(1) 试验用水：去除二氧化碳的新制备的蒸馏水或纯水。将水注入烧瓶中，煮沸 10 min，放置冷却，临用现制。

(2) 邻苯二甲酸氢钾($C_8H_5KO_4$)：使用前 110 ℃～120 ℃烘干 2 h。

(3)磷酸二氢钾(KH_2PO_4)：使用前 110 ℃~120 ℃ 烘干 2 h。

(4)无水磷酸氢二钠(Na_2HPO_4)：使用前 110 ℃~120 ℃ 烘干 2 h。

(5)四硼酸钠($Na_2B_4O_7 \cdot 10H_2O$)：与饱和溴化钠(或氯化钠加蔗糖)溶液(室温)共同放置在干燥器中 48 h，使四硼酸钠晶体保持稳定。

(6)pH 4.01(25 ℃)标准缓冲溶液($C_8H_5KO_4$)=0.05 mol/L：称取 10.12 g 邻苯二甲酸氢钾，溶于水中，于 25 ℃ 下在容量瓶中稀释至 1 L。也可直接采用符合国家标准的标准溶液。

(7)pH 6.86(25 ℃)标准缓冲溶液 $c(KH_2PO_4)$=0.025 mol/L，$c(Na_2HPO_4)$=0.025 mol/L：分别称取 3.387 g 磷酸二氢钾和 3.533 g 无水磷酸氢二钠，溶于水中，于 25 ℃ 下在容量瓶中稀释至 1 L。也可直接采用符合国家标准的标准溶液。

(8)pH 9.18(25 ℃)标准缓冲溶液 $c(Na_2B_4O_7)$=0.01 mol/L：称取 3.80 g 四硼酸钠，溶于水中，于 25 ℃ 下在容量瓶中稀释至 1 L，在聚乙烯瓶中密封保存。也可直接采用符合国家标准的标准溶液。

注：上述标准缓冲溶液于冰箱中 4 ℃ 冷藏可保存 2~3 个月，发现有混浊、发霉或沉淀等现象时，不能继续使用。

3. 仪器和设备

(1)pH 计：精度为 0.01 个 pH 单位，具有温度补偿功能。

(2)电极：玻璃电极和饱和甘汞电极，或 pH 复合电极。

(3)磁力搅拌器或水平振荡器：具有温控功能。

(4)土壤筛：孔径 2 mm(10 目)。

(5)一般实验室常用仪器和设备。

4. 样品准备

(1)样品的制备。按照《土壤环境监测技术规范》(HJ/T 166—2004)的相关规定进行土样的制备，包括样品的风干、缩分、粉碎和过筛。制备后的样品不立刻测定时，应密封保存，以免受大气中氨和酸性气体的影响，同时避免日晒、高温、潮湿的影响。

(2)试样的制备。称取 10.0 g 土样置于 50 mL 的高型烧杯或其他适宜的容器中，加入 25 mL 水将容器用封口膜或保鲜膜密封后，用磁力搅拌器剧烈搅拌 2 min 或用水平振荡器剧烈振荡 2 min。静置 30 min，在 1 h 内完成测定。

5. 分析步骤

(1)校准。至少使用两种 pH 值标准缓冲溶液对 pH 计进行校准。先用 pH 6.86(25 ℃)标准缓冲溶液，再用 pH 4.01(25 ℃)标准缓冲溶液或 pH 9.18(25 ℃)标准缓冲溶液校准。校准步骤如下：

①将盛有标准缓冲溶液并内置搅拌子的烧杯置于磁力搅拌器上，开启磁力搅拌器。

②控制标准缓冲溶液的温度在(25±1)℃，用温度计测量标准缓冲溶液的温度，并将 pH 计的温度补偿旋钮调节到该温度上。有自动温度补偿功能的仪器，可省略此步骤。

③将电极插入标准缓冲溶液中，待读数稳定后，调节仪器示值与标准缓冲溶液的 pH 值一致。重复步骤①和②，用另一种标准缓冲溶液校准 pH 计，仪器示值与该标准缓冲

溶液的 pH 值之差应≤0.02 个 pH 单位。否则应重新校准。

注：用于校准 pH 值的两种标准缓冲溶液，其中一种标准缓冲溶液的 pH 值应与土壤 pH 值相差不超过 2 个 pH 单位。若超出范围，可选择其他 pH 值标准缓冲溶液。

(2)测定。控制试样的温度为(25±1)℃，与标准缓冲溶液的温度之差不应超过 2 ℃。将电极插入试样的悬浊液，电极探头浸入液面下悬浊液垂直深度的 1/3~2/3 处，轻轻摇动试样。待读数稳定后，记录 pH 值。每个试样测定完成后，立刻用水冲洗电极，并用滤纸将电极外部水吸干，再测定下一个试样。

6. 结果表示

测定结果保留至小数点后 2 位。当读数小于 2.00 或大于 12.00 时，结果分别表示为 pH 值<2.00 或 pH 值>12.00。

二、土壤和沉积物中铜、锌、铅、镍、铬的测定

(一)试验目的

(1)了解原子吸收分光光度法的原理；
(2)掌握土壤样品的消化方法；
(3)掌握原子吸收分光光度计的使用方法。

(二)方法选择

要分析土壤中的铜、锌等的污染状况，首先需将土壤中的铜、锌、铅、镍、铬进行处理进入溶液，然后才能进行分析测定。常用的溶解处理方法主要有湿法消解、干灰化消解法。湿法消解是使用具有强氧化性酸，如 HNO_3、H_2SO_4、$HClO_4$ 等与有机化合物溶液共沸，使有机化合物分解除去。干灰化消解是在高温下灰化、灼烧，使有机物质被空气中氧所氧化而被破坏。

本任务选择《土壤和沉积物 铜、锌、铅、镍、铬的测定 火焰原子吸收分光光度法》(HJ 491—2019)。本标准规定了测定土壤和沉积物中铜、锌、铅、镍、铬的火焰原子吸收分光光度法。当取样量为 0.2 g，消解后定容体积为 25 mL 时，铜、锌、铅、镍、铬的方法检出限分别为 1 mg/kg、1 mg/kg、10 mg/kg、3 mg/kg 和 4 mg/kg。测定下限分别为 4 mg/kg、4 mg/kg、40 mg/kg、12 mg/kg 和 16 mg/kg。

《土壤和沉积物 铜、锌、铅、镍、铬的测定 火焰原子吸收分光光度法》
(HJ 491—2019)

(三)测定方法

1. 方法原理

火焰原子吸收分光光度法是根据某元素的基态原子对该元素的特征谱线产生选择性吸收来进行测定的分析方法。将试样喷入火焰，被测元素的化合物在火焰中离解形成原子蒸汽，由锐线光源(空心阴极灯)发射的某元素的特征谱线光辐射通过原子蒸汽层时，

该元素的基态原子对特征谱线产生选择性吸收。在一定条件下，特征谱线光强的变化与试样中被测元素的浓度成比例。通过自由基态原子对选用吸收线吸光度的测量，确定试样中该元素的浓度。

土壤和沉积物经酸消解后，试样中铜、锌、铅、镍和铬在空气-乙炔火焰中原子化，其基态原子分别对铜、锌、铅、镍和铬的特征谱线产生选择性吸收，共吸收强度在一定范围内与铜、锌、铅、镍和铬的浓度成正比。

2. 干扰及消除

当土壤消解液中铁含量大于 1 000 mg/L 时，抑制锌的吸收，加入硝酸镧可消除共存成分的干扰。低于 2 000 mg/L 的钾、钠、镁、铁、铝和低于 1 000 mg/L 的钙对铅的测定无干扰。使用 232.0 nm 作测定镍的吸收线时，存在波长相近的镍三线光谱影响，选择 0.2 nm 的光谱通带可减少影响。本标准条件下，使用还原性火焰。土壤和沉积物中共存的常见元素对铬的测定无干扰。

3. 试剂

(1)锌标准贮备液(1 000 mg/L)：准确称取 1.0 g 金属锌(光谱纯)，用 40 mL 盐酸(1.19 g/mL)溶液加热溶解，冷却后用水定容至 1 L，贮存于聚乙烯瓶中。4 ℃以下冷藏保存，有效期两年。也可直接购买市售有证标准溶液。

(2)铜标准贮备液(1 000 mg/L)：准确称取 1.0 g 金属铜(光谱纯)，用 30 mL 硝酸溶液(1+1)加热溶解，冷却后用水定容至 1 L，贮存于聚乙烯瓶中。4 ℃以下冷藏保存，有效期两年。也可直接购买市售有证标准溶液。

(3)铅标准贮备液(1 000 mg/L)：准确称取 1.0 g 金属铅(光谱纯)，用 30 mL 硝酸溶液(1+1)加热溶解，冷却后用水定容至 1 L，贮存于聚乙烯瓶中。4 ℃以下冷藏保存，有效期两年。也可直接购买市售有证标准溶液。

(4)镍标准贮备液(1 000 mg/L)：准确称取 1.0 g 金属镍(光谱纯)，用 30 mL 硝酸溶液(1+1)加热溶解，冷却后用水定容至 1 L，贮存于聚乙烯瓶中。4 ℃以下冷藏保存，有效期两年。也可直接购买市售有证标准溶液。

(5)铬标准贮备液(1 000 mg/L)：准确称取 1.0 g 金属铅(光谱纯)，用 30 mL 盐酸溶液(1+1)加热溶解，冷却后用水定容至 1 L，贮存于聚乙烯瓶中。4 ℃以下冷藏保存，有效期两年。也可直接购买市售有证标准溶液。

(6)铜、锌、铅、镍、铬标准使用液(100 mg/L)：分别准确移取 10.00 mL 铜、锌、铅、镍、铬标准贮备液于 100.00 mL 容量瓶中，用硝酸溶液(1+99)定容至标线，摇匀。贮存于聚乙烯瓶中，4 ℃以下冷藏保存，有效期一年。

(7)燃气：乙炔(纯度≥99.5%)。

(8)助燃气：空气。

(四)测定步骤

1. 标准曲线的建立

取 100 mL 容量瓶，按表 4-12 用硝酸溶液(1+99)分别稀释各元素标准使用液，配制成标准系列。按仪器测量条件，用标准曲线零浓度点调节仪器零点。由低浓度到高浓度依次测定标准系列的吸光度，以各元素标准系列质量浓度为横坐标，相应的吸光度为纵坐标，建立标准曲线。

表 4-12　各元素标准系列　　　　　　　　　　　　　　　　　　　　　mg/L

元素	标准系列					
铜	0.00	0.10	0.50	1.00	3.00	5.00
锌	0.00	0.10	0.20	0.30	0.50	0.80
铅	0.00	0.50	1.00	5.00	8.00	10.0
镍	0.00	0.10	0.50	1.00	3.00	5.00
铬	0.00	0.10	0.50	1.00	3.00	5.00

2. 土壤样品的消解

(1) 电热板消解法。称取 0.2～0.3 g(精确至 0.1 mg)风干、破碎、过筛的样品于 50 mL 聚四氟乙烯坩埚中，用水润湿后加入 10 mL 盐酸(1.9 g/mL)，于通风橱内电热板上 90 ℃～100 ℃加热，使样品初步分解，待消解液蒸发至剩余约 3 mL 时，加入 9 mL 硝酸(1.42 g/mL)，加盖加热至无明显颗粒，加入 5～8 mL 氢氟酸(1.49 g/mL)，开盖，于 120 ℃加热飞硅 30 mim，稍冷，加入 1 mL 高氯酸(1.68 g/mL)，于 150 ℃～170 ℃加热至冒白烟，加热时应经常摇动坩埚，若坩埚壁上有黑色碳化物，加入 1 mL 高氯酸(1.68 g/mL)加盖继续加热至黑色碳化物消失，再开盖，加热赶酸至内容物呈不流动的液珠状(趁热观察)。加入 3 mL 硝酸溶液(1+99)，温热溶解可溶性残渣，全量转移至 25 mL 容量瓶中，用硝酸溶液(1+99)定容至标线，摇匀，保存于聚乙烯瓶中，静置，取上清液待测。于 30 d 内完成分析。

(2) 微波消解法。准确称取 0.2～0.3 g(精确至 0.1 mg)风干、过筛的样品于消解罐中，用少量水润湿后加入 3 mL 盐酸(1.9 g/mL)、6 mL 硝酸(1.42 g/mL)、2 mL 氢氟酸(1.49 g/mL)，混匀，加盖拧紧。放入微波消解装置。按表 4-13 升温程序进行微波消解，程序结束后冷却至室温。在防酸通风橱中将消解液转移至聚四氟乙烯坩埚中，用少许水洗涤消解罐和盖子后一并倒入坩埚置于温控加热设备上在微沸的状态下进行赶酸。等液体呈黏稠状时，取下稍冷，用滴管取少量硝酸(1+99)冲洗坩埚内壁，利用余温溶解附着在坩埚上的残渣，然后转入 25 mL 容量瓶中，再用滴管吸取少量硝酸(1+99)重复上述步骤，洗涤液一并转入容量瓶中，然后用硝酸(1+99)定容至标线，混匀。试样定容后，保存于聚乙烯瓶中，静置，取上清液待测。于 30 d 内完成分析。

表 4-13　微波消解升温程序

升温时间/min	消解温度/℃	保持时间/min
7	室温→120	3
5	120→160	3
5	160→190	25

3. 空白试样的制备

不称取样品,按照与试样制备相同的步骤进行空白试样的制备。

4. 测定

按照与标准曲线的建立相同的仪器条件进行试样和空白样的测定。

(五)数据处理

土壤中铜、锌、铅、镍和铬的质量分数 W_i(mg/kg),按照下式进行计算:

$$W_i = \frac{(\rho_i - \rho_{oi}) \times V}{m \times w_{dm}} \tag{4-9}$$

式中 W_i——土壤中元素的质量分数(mg/kg);

         ρ_i——试样中元素的质量浓度(mg/L);

         ρ_{oi}——空白试样中元素的质量浓度(mg/L);

         V——消解后试样的定容体积(mL);

         m——土壤样品的称样量(g);

         w_{dm}——土壤样品的干物质含量(%)。

沉积物中铜、锌、铅、镍和铬的质量分数 W_i(mg/kg),按照下式进行计算:

$$W_i = \frac{(\rho_i - \rho_{oi}) \times V}{m \times (1 - w_{H_2O})} \tag{4-10}$$

式中 W_i——沉积物中元素的质量分数(mg/kg);

         ρ_i——试样中元素的质量浓度(mg/L);

         ρ_{oi}——空白试样中元素的质量浓度(mg/L);

         V——消解后试样的定容体积(mL);

         m——沉积物样品的称样量(g);

         w_{H_2O}——沉积物样品中的含水率(%)。

(六)注意事项

(1)样品消解时应注意各种酸的加入顺序。

(2)空白试样制备时的加酸量要与试样制备时的加酸量保持一致。

(3)若样品基体复杂,可适当提高试样酸度,同时应注意标准曲线的酸度与试样酸度保持一致。

(4)对于基体复杂的土壤或沉积物样品,测定时需采用仪器背景校正功能。

三、固体废物浸出液多环芳烃的测定

(一)试验目的

(1)了解高效液相色谱仪的原理;

(2)了解固体废物浸出液试样的制备方法;

(3)掌握高效液相色谱仪的使用方法。

(二)方法选择

本任务参照《固体废物 多环芳烃的测定 高效液相色谱法》(HJ 892—2017)。该标准适用于固体废物及其浸出液中萘、苊烯、苊、芴、菲、蒽、荧蒽、芘、苯并(a)蒽、䓛、苯并(b)荧蒽、苯并(k)荧蒽、苯并(a)芘、二苯并(a,h)蒽、苯并(g,h,i)芘和茚并(1,2,3-c,d)芘 16 种多环芳烃的测定。

《固体废物 多环芳烃的测定 高效液相色谱法》
(HJ 892—2017)

固体废物浸出液取样量为 100 mL,定容体积为 1.0 mL 时,用紫外检测器测定 16 种多环芳烃的方法检出限为 0.1～2 μg/L,测定下限为 0.4～8 μg/L;用荧光检测器测定 15 种多环芳烃(不包含苊烯)的方法检出限为 0.01～0.1 μg/L,测定下限为 0.04～0.4 μg/L。

(三)测定方法

1. 方法原理

固体废弃物或固体废物浸出液中的多环芳烃用有机溶剂提取,提取液经浓缩、净化后用高效液相色谱仪分离,紫外/荧光检测器测定,以保留时间定性,外标法定量。

2. 试剂和材料

(1)乙腈(CH_3CN):色谱级。

(2)正己烷(C_6H_{14}):色谱级。

(3)二氯甲烷(CH_2Cl_2):色谱级。

(4)丙酮(CH_3COCH_3):色谱级。

(5)丙酮-正己烷混合溶液:1+1。用丙酮和正己烷按 1∶1 的体积比混合。

(6)二氯甲烷-正己烷混合溶液:2+3。用二氯甲烷和正己烷按 2∶3 的体积比混合。

(7)二氯甲烷-正己烷混合溶液:1+1。用二氯甲烷和正己烷按 1∶1 的体积比混合。

(8)多环芳烃标准贮备液:$\rho=100\sim2\,000$ mg/L。

(9)多环芳烃标准使用液:$\rho=10.0\sim200$ mg/L。移取 1.0 mL 多环芳烃标准贮备液于 10 mL 棕色容量瓶,用乙腈稀释并定容至刻度,摇匀,转移至密实瓶中于 4 ℃下冷藏、避光保存。

(10)十氟联苯($C_{12}F_{10}$):纯度为 99%。

(11)十氟联苯贮备液:$\rho=1\,000$ mg/L。称取十氟联苯 0.025 g(精确到 0.001 g),用乙腈溶解并定容至 25 mL 棕色容量瓶,摇匀,转移至密实瓶中于 4 ℃下冷藏、避光保存。或购买市售有证标准溶液。

(12)十氟联苯使用液:$\rho=40$ μg/mL。移取 1.0 mL 十氟联苯贮备液于 25 mL 棕色容量瓶,用乙腈稀释并定容至刻度,摇匀,转移至密实瓶中于 4 ℃下冷藏、避光保存。

(13)氯化钠(NaCl):在 400 ℃烘烤 4 h,冷却后置于磨口玻璃瓶中密封保存。

(14)干燥剂:无水硫酸钠(Na_2SO_4)或粒状硅藻土。在 400 ℃烘烤 4 h,冷却后置于磨口玻璃瓶中密封保存。

(15)硅胶：层析级，粒径75～150 μm(200～100 目)。使用前，置于平底托盘中并覆上锡纸，130 ℃活化至少 16 h。

(16)玻璃层析柱：内径约为 20 mm，长为 10～20 cm，带聚四氟乙烯活塞。

(17)固相萃取柱：硅胶固相萃取柱或硅酸镁固相萃取柱，1 000 mg/6 mL。

(18)石英砂：粒径 150～830 μm(100～20 目)。在 400 ℃烘烤 4 h，冷却后置于磨口玻璃瓶中密封保存。

(19)玻璃棉或玻璃纤维滤膜：使用前用二氯甲烷浸洗，挥去溶剂，密封保存。

(20)氮气：纯度≥99.999％。

3. 仪器和设备

(1)高效液相色谱仪：配备紫外检测器或荧光检测器，具有梯度洗脱功能。

(2)色谱柱：填料为 ODS(十八烷基硅烷键合硅胶)的反相色谱柱或其他性能相近的色谱柱；规格：5 μm×250 mm×4.6 mm。

(3)提取装置：索氏提取器或其他同等性能的设备。

(4)浓缩装置：氮吹浓缩仪或其他同等性能的设备。

(5)固相萃取装置。

(6)一般实验室常用仪器和设备。

4. 固体废物浸出液试样的制备

(1)萃取。量取 100 mL 浸出液，于 500 mL 的分液漏斗中，依次加入 50.0 μL 十氟联苯使用液、适量氯化钠和 20 mL 二氯甲烷充分振摇、静置分层后，有机相经装有适量无水硫酸钠的漏斗除水，收集有机相于浓缩瓶中，按上述步骤重复萃取两次，合并有机相，用少量二氯甲烷反复洗涤漏斗和硫酸钠层 2～3 次，合并有机相，待浓缩。

(2)浓缩。将盛有提取液的浓缩瓶放入氮吹浓缩仪中，室温下调节氮气流量至溶剂表面有气流波动(避免形成气涡)，将提取液浓缩至 1.5～2 mL，用 3～5 mL 正己烷洗涤氮吹过程中已经露出的浓缩器壁，将提取液浓缩至约 1 mL，重复此浓缩过程 2～3 次，将溶剂完全转化为正己烷，再浓缩至约 1 mL，待净化。如不需净化，加入约 3 mL 乙腈，再浓缩至 1 mL 以下，将溶剂完全转换为乙腈，并准确定容至 1.0 mL，待测。注：也可采用旋转蒸发或其他方式浓缩。

(3)净化。

①硅胶层析柱净化。

a.硅胶柱制备：在玻璃层析柱的底部加入玻璃棉，加入10 mm 厚的无水硫酸钠，用少量二氯甲烷进行冲洗。用二氯甲烷制备 10 g 活性硅胶悬浮液，放入层析柱中，以玻璃棒轻敲层析柱，除去气泡，使硅胶填实。放出二氯甲烷，在层析柱上部加入 10 mm 厚的无水硫酸钠。层析柱示意如图 4-5 所示。

b.净化：用 40 mL 正己烷淋洗层析柱，淋洗速度控制在2 mL/min，在顶端无水硫酸钠暴露于空气之前，关闭层析柱底端聚四氟乙烯活塞，弃去流出液。将浓缩后的约 1 mL 提取液移入层析柱，用 2 mL 正己烷分 3 次洗涤浓缩瓶，洗液全部移入层析柱，在顶端无水硫酸钠暴露于空气之前，加入 25 mL 正己烷继续淋洗，弃去流出液。用 25 mL 二氯甲烷-正己烷混合溶液洗脱，洗脱液收集于浓缩瓶中，用氮吹浓缩法(或其他浓缩方式)将洗脱液浓缩至约 1 mL，加入约 3 mL 乙腈。再浓缩至 1 mL 以下，将溶剂完全转换为乙腈，并准确定容至 1.0 mL，待测。

②固相萃取柱(填料为硅胶或硅酸镁)净化。用固相萃取柱作为净化柱，将其固定在固相萃取装置上。用 4 mL 二氯甲烷冲洗净化柱，再用 10 mL 正己烷平衡净化柱，待柱充满后关闭流速控制阀浸润 5 min，打开控制阀，弃去流出液。在柱床暴露于空气之前，将浓缩后约 1 mL 提取液移入柱内，用 3 mL 正己烷分 3 次洗涤浓缩瓶，洗液全部移入柱内，弃去流出液。用 10 mL 二氯甲烷-正己烷混合溶液洗脱，接收洗脱液，待洗脱液浸满净化柱后关闭流速控制阀，浸润 5 min，再打开控制阀，至洗脱液完全流出。用氮吹浓缩法(或其他浓缩方式)将洗脱液浓缩至约 1 mL，加入约 3 mL 乙腈，再浓缩至 1 mL 以下，将溶剂完全转换为乙腈，并准确定容至 1.0 mL，待测。

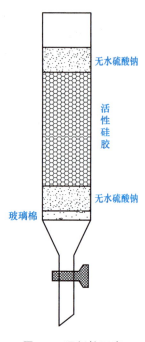

图 4-5　层析柱示意

注：①样品浓度较高(洗脱液颜色较深)时，浓缩体积可适当增加，也可将洗脱液用甲醇或乙腈适当稀释后待测。②净化后的试样如不能及时分析，应于 4 ℃下冷藏、避光、密封保存，30 d 内完成分析。③本标准推荐净化方式为硅胶层析柱净化或固相萃取柱净化，也可采用其他等效净化方式。

(四)分析步骤

1. 仪器参考条件

进样量：10 μL；柱温：35 ℃；流速：1.0 mL/min；流动相 A：乙腈；流动相 B：水。梯度洗脱程序见表 4-14。

表 4-14　梯度洗脱程序

时间/min	流动相 A/%	流动相 B/%
0	60	40
8	60	40
18	100	0
28	100	0
29	60	40
35	60	40

检测波长：根据目标物的出峰时间、最大吸收波长或最佳激发/发射波长编制波长变换程序，见表 4-15。

表 4-15 目标物对应的紫外检测波长和荧光检测波长

序号	组分名称	紫外检测器		荧光检测器	
		最大吸收波长 /nm	推荐吸收波长 /nm	最佳激发波长 λ_{ex}/发射波长 λ_{em}	推荐激发波长 λ_{ex}/发射波长 λ_{em}
1	萘	220	220	280/334	280/324
2	苊烯	229	230	—	—
3	苊	261	254	268/308	280/324
4	芴	229	230	280/324	280/324
5	菲	251	254	292/366	254/350
6	蒽	252	254	253/402	254/400
7	荧蒽	236	230	360/460	290/460
8	芘	240	230	336/376	336/376
9	苯并(a)蒽	287	290	288/390	275/385
10	䓛	267	254	268/383	275/385
11	苯并(b)荧蒽	256	254	300/436	305/430
12	苯并(k)荧蒽	307、240	290	308/414	305/430
13	苯并(a)芘	296	290	296/408	305/430
14	二苯并(a,h)蒽	297	290	297/398	305/430
15	苯并(g,h,i)苝	210	220	300/410	305/430
16	茚并(1,2,3-c,d)芘	250	254	302/506	305/500
17	十氟联苯	228	230	—	—

注：荧光检测器不适用于苊烯和十氟联苯的测定。

2. 校准曲线的建立

(1)校准曲线的建立。分别量取适量的多环芳烃标准使用液和 50.0 μL 十氟联苯使用液，用乙腈稀释，制备至少 5 个浓度点的标准系列，多环芳烃的质量浓度分别为 0.05 μg/mL、0.10 μg/mL、0.50 μg/mL、2.00 μg/mL 和 5.00 μg/mL(此为参考浓度)，十氟联苯的质量浓度为 2.00 μg/mL，贮存于棕色进样瓶中，待测。

由低浓度到高浓度依次将标准系列溶液注入液相色谱仪，按照仪器参考条件分离检测，记录色谱峰的出峰时间和峰高或峰面积。以标准系列溶液中目标组分浓度为横坐标，以其对应的峰高或峰面积为纵坐标，建立标准曲线。

(2)标准样品的色谱图。图 4-6 和图 4-7 所示分别为在《固定废物 多环芳烃的测定 高效液相色谱法》(HJ 892—2017)推荐的仪器条件下，16 种多环芳烃紫外色谱图和荧光色谱图。

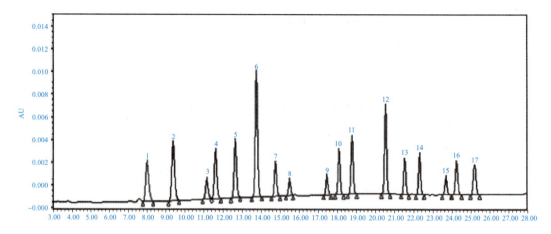

图 4-6　16 种多环芳烃紫外色谱图

1—萘；2—苊烯；3—苊；4—芴；5—菲；6—蒽；7—荧蒽；8—芘；9—十氟联苯(替代物)；
10—苯并(a)蒽；11—䓛；12—苯并(b)荧蒽；13—苯并(k)荧蒽；14—苯并(a)芘；
15—二苯并(a, h)蒽；16—苯并(g, h, i)苝；17—茚并(1, 2, 3-c, d)芘

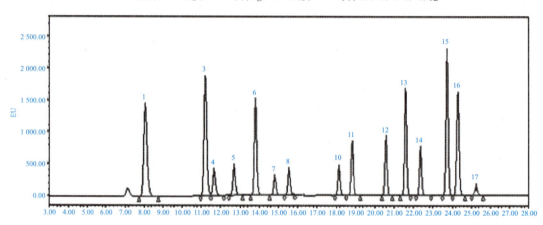

图 4-7　16 种多环芳烃荧光色谱图

1—萘；2—苊烯(不出峰)；3—苊；4—芴；5—菲；6—蒽；7—荧蒽；8—芘；
9—十氟联苯(替代物，不出峰)；10—苯并(a)蒽；11—䓛；12—苯并(b)荧蒽；13—苯并(k)荧蒽；
14—苯并(a)芘；15—二苯并(a, h)蒽；16—苯并(g, h, i)苝；17—茚并(1, 2, 3-c, d)芘

3. 试样测定

按照与校准曲线的建立相同的仪器分析条件进行试样的测定。

4. 空白试样

按照与试样测定相同的仪器分析条件进行空白试样的测定。

(五)结果计算与表示

1. 目标化合物的定性分析

以目标化合物的保留时间定性，必要时可采用标准样品添加法、不同波长下的吸收比、紫外光谱图扫描等方法辅助定性。

2. 结果计算

固体废物浸出液中多环芳烃的含量,按照式(4-11)进行计算。

$$\rho = \frac{\rho_i \times V_1}{V_2} \tag{4-11}$$

式中 ρ——固体废物浸出液中目标物的质量浓度(μg/L);

ρ_i——由校准曲线计算所得目标物的质量浓度(μg/mL);

V_1——试样定容体积(mL);

V_2——浸出液的取样体积(L)。

测定结果最多保留三位有效数字。

(六)注意事项

1. 质量保证和质量控制

试验用水为新制备的不含有机物的水。

每20个样品或每批次(少于20个样品/批)至少做一个实验室空白,空白结果应小于方法检出限。每批样品应建立校准曲线,校准曲线相关系数应≥0.995,否则应查找原因,重新建立校准曲线。每20个样品或每批次(少于20个样品/批)应测定一次校准曲线的中间浓度标准溶液。测定结果与标准值间的相对误差的绝对值应≤10%,否则应查找原因,或重新绘制校准曲线。每20个样品或每批次(少于20个样品/批)须分析一个平行样。平行双样测定结果的相对偏差应≤30%。每20个样品或每批次(少于20个样品/批)须做1个基体加标样,各组分的回收率在50%~120%。十氟联苯回收率在60%~120%。

2. 废物处理

试验中产生的废液和废物应分类收集,委托有资质的单位进行处置。

3. 警告

多环芳烃属于致癌物,标准溶液配制及样品前处理操作应在通风橱内进行;操作时按规定佩戴防护器具,避免直接接触皮肤和衣物。

学习小结

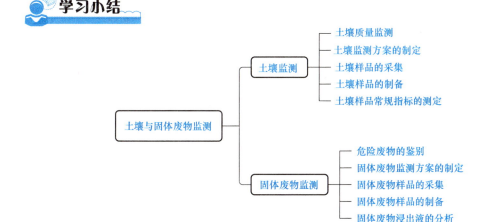

拓展知识

环境监测报告的编制要点

1 格式及内容

1.1 封面

(1)封面应有标题,如监测报告。

(2)封面应有唯一性标识(报告编号)。报告编号应遵循以下规则:监测类别+年代号+报告流水号。例如,监测类别用 CJ+(S、Q、Z、X、Y、D、W)表示。其中,C 代表长沙、J 代表监测、S 代表水、Q 代表气、Z 代表执法、X 代表信访、Y 代表验收、D 代表调查、W 代表委托。如 CJQ 2003—0188 即表示为气监测 2003 年第 0188 号报告。

(3)项目名称。根据监测任务的来源,正确填写监测类别。

(4)被测单位。

(5)报告日期。

(6)承检的监测机构唯一性全称。为了便于受检方或委托方联系,承检监测机构应附上地址、电话、邮政编码及传真。

1.2 扉页

扉页应有承检机构对监测报告的中英文说明。

1.3 正页

(1)监测报告的唯一性标识(报告编号)。每页及总页数的标识(共　页　第　页)。

(2)受检/委托单位名称。

(3)监测项目。根据下达的监测任务单执行。

(4)监测点位。根据采样点位而定。

(5)计量单位。不允许使用非法定计量单位和作废的计量单位,且其符号应符合规定的要求,名词术语应按标准规定的称谓。

(6)法律依据。信息要经得起溯源,监测报告中要准确提供公证数据,并具有法律效力。若采用非标准方法时,事先应征得委托方的同意签字认可,技术依据中必须注明。

(7)监测结果和评价。监测结果应根据监测原始记录和实验室分析结果等必要信息计算导出。结果评价应表述清晰、准确、客观和完整。评价结论的用语要明确,不用"可能""大概""基本上"等模糊用语。

(8)报告审核。监测报告实行三级审核,报告编制人员对编制的报告校对复核,对报告内容确认签字后,交监测报告审核人。监测报告审核人对上交的监测报告要逐一审核,不合格报告退回,重新编制或监测,审核无误后的报告方可交签发人(授权签字人)。签发人对监测报告做最后审核,审核无误签字发出,否则退回,重新监测或编制。报告编制人、审核人、签发人不得重复,并应在监测报告上签字(不宜加盖姓名章代替),明示其职务。

1.4　附页

(1)监测报告的唯一性标识。报告编号、每页及总页数的标示(共　页　第　页);

(2)技术依据。主要包括参考标准、测试方法、仪器名称型号和出厂编号,环境条件记录主要包括大气压力和环境温度,样品编号即为样品管理员给受检样品的编号。

2　注意事项

(1)监测报告用纸应为 A4 规格,与国际惯例、文件、档案标准相一致。纸的质量应满足在保存期内不会因查阅、复印等正常的操作而破损。无信息栏目应注"以下空白"标记,不留空格。

(2)每份监测报告的封面、正页和附页必须加盖单位业务专用章,整份报告加盖骑缝章,封面应加盖计量认证(CMA)章和实验室认可(CNAL)章,但非计量认证认可项目在使用计量认证章认可时必须明示。

(3)如有分包监测项目,必须在监测报告中明确注明。

(4)如客户对测量不确定度评定有要求,监测报告中还需提供有关不确定度的数据。

(5)编制环境监测报告应做到内容信息完整、格式栏目统一、检测依据可靠、数据准确翔实、评价及建议表述清晰客观。

学习自测

1. 土壤污染的主要来源和特点有哪些?
2. 如何布点采集污染土壤样品和背景值样品?何谓土壤背景值?
3. 分析比较土壤试样各种酸式消化法的特点,有哪些注意事项?消化过程中各种酸起何种作用?
4. 怎样采集固体废物样品?采集后如何处理和保存?
5. 固体废物有害特性的监测包括哪些试验内容?各试验的目的是什么?
6. 列出固体废物浸出液的制备方法。

项目五　噪声监测

知识目标

1. 掌握声音、噪声的概念；
2. 了解声音的物理特性和量度，噪声的叠加和相减计算；
3. 掌握噪声的监测方法和原理。

技能目标

1. 能正确使用常规噪声监测设备；
2. 能规范开展区域环境噪声监测；
3. 能规范开展城市交通噪声监测。

素质目标

1. 具有良好的协作精神及严谨的工作作风；
2. 具备良好的沟通能力、文字及口头表达能力；
3. 具有良好的职业素养。

任务一　噪声监测准备

从环境保护的角度看，凡是影响人们正常学习、工作和休息的，在某些场合"不需要的声音"，都统称为噪声，如机器轰鸣声、各种交通工具的鸣笛声、人的嘈杂声及各种突发的声响等。随着工业生产、交通运输、城市建筑的发展，以及人口密度的增加、家庭设施(电视机等)的增多，环境噪声日益严重，已成为污染人类社会环境的一大公害。

本任务以学校周边一条公路的某一路段为监测对象，以小组为单位，开展现场调查和资料收集，分析确定包括噪声监测的点位、监测方法、监测时间和频次、监测质量控制与质量保证等内容的完整监测方案。

知识学习

一、声学基础

(一)声的基础知识

1. 声音

物体在空气中振动,使周围空气发生疏密交替变化并向外传播,当振动频率在20～20 000 Hz时,人可以感觉得到,称为可听声,简称声音;频率低于20 Hz的声音叫作次声;高于20 000 Hz的叫作超声,它们作用于人的听觉器官时不引起声音的感觉,因此不能听到。声源、弹性媒质、接收器称为声音的三大要素,缺了其中一个就感觉不到声音了,如声音在真空中无法传播。声源可以是固体、液体或气体,它们分别称为固体声、水声和空气声等。噪声监测主要讨论空气声。

声音是波的一种,叫作声波。通常情况下的声音是由许多不同频率、不同幅值的声波构成的,称为复音。而最简单的仅有一个频率的声音称为纯音。

2. 声场

声音传播的空间称为声场。典型的声场有自由声场和混响声场两种。自由声场是指在弹性媒质中传播不改变传播方向直线前进,如声音在空旷的野外传播时就可以近似地看作自由声场;对于室内的声场,由于墙、地面、顶等处均存在反射,室内各点的能量均为来自各个方向声能的叠加,此声场也可近似地看作混响声场。

3. 频率与周期

声音在 1 s 内振动的次数叫作频率,记作 f,单位为 Hz。

弹性媒质在平衡位置附近完成振动一次所经历的时间叫作周期,记作 T,单位为 s。显然,频率和周期互为倒数,即 $T=1/f$。可听声的周期为 50 ms～50 μs。

4. 波长与波速

在声波的传播方向,振动一个周期所传播的距离,或在波形上相位相同的相邻两点间的距离称为波长,记作 λ,单位为 m,可听声的波长范围为 17.2～0.172 m。

波速又称声速,是指单位时间内声波传播的距离,单位为 m/s。波速与声波频率无关,仅仅取决于弹性媒质的种类和温度。在空气中,声速(c)和温度(t)的关系可简写为

$$c=331.45+0.61t \tag{5-1}$$

常温下,声速为 345 m/s。频率、波长和声速三者的关系为

$$c=f\lambda \tag{5-2}$$

(二)声压、声强和声功率

1. 声压

声压是由于声波的存在而引起的压力增值,通常用 p 表示,其单位为帕斯卡(Pa),即 $1 \text{ Pa}=1 \text{ N/m}^2$。

振幅的大小决定声压的大小，振幅越大，质点离开平衡位置越远，声压越大，声压只有大小没有方向。声压是随时间的起伏变化的，每秒钟变化的次数很多，传入人耳时，由于耳膜的惯性作用辨别不出声压的起伏变化，即声压变化的平均值为零，故平均声压无意义。因此，常用瞬时声压、峰值声压和有效声压来描述。瞬时声压是某些质点动压强与静压强的差值，无法测量；峰值声压是一段时间内瞬时声压的最大值；而有效声压是指瞬时声压对时间取均方根值，即 $P = \sqrt{\dfrac{1}{T}\int_0^T P^2(t)\mathrm{d}t}$。通常所说的声压指的是有效声压。对于正弦波来说，峰值声压为有效声压的 $\sqrt{2}$ 倍，即 $P = P_m/\sqrt{2}$。对于听觉正常的人耳，对 1 kHz 的纯音，当其声压值为 2×10^{-5} Pa 时，刚好可以听见，称为听阈声压；当其值达到 20 Pa 时，人耳产生疼痛的感觉，称为痛阈声压。人们正常说话的声压为 0.02～0.03 Pa。

2. 声强

声强是指在垂直于声波的传播方向上，单位时间内通过单位面积的声能量，用 I 表示。其单位是 J/(s·m²) 或 W/m²。正常人耳对 1 000 Hz 纯音的可听声强是 10^{-12} W/m²，称为基准声强。对于平面声波和球面声波，声强 I 为

$$I = \dfrac{P^2}{\rho_0 c} \tag{5-3}$$

式中　P——有效声压(Pa)；

　　　ρ_0——空气密度(kg/m³)；

　　　c——空气中的声速(m/s)。

3. 声功率

声源的声功率是指单位时间内声源向外辐射的总声能，单位是焦耳/秒(J/s)或瓦(W)。声功率不像声压或声强那样随离开声源的距离的加大而降低。在自由声场中，声功率与声强的关系为

$$W = 4\pi r^2 I \tag{5-4}$$

式中　W——声源辐射的声功率(W)；

　　　r——离开声源的距离(m)；

　　　I——离开声源 r 处的声强(W/m²)。

(三)声级和声级的运算

1. 声级

日常生活中遇到的声音强弱不同，这些声音的强度变化范围相当宽，这在实际计算中十分不方便，同时人耳对声音强度的感觉并不正比于强度的绝对值，而与声能量的对数值是成正比的，因此，常用声级来表示声能量的大小。

(1)声压级。

$$L_p = 10 \cdot \lg \dfrac{p^2}{p_0^2} = 20 \cdot \lg \dfrac{p}{p_0} \tag{5-5}$$

式中 L_p——声压级(dB);

p——声压(Pa);

p_0——基准声压,取 2×10^{-5} Pa。

引入声压级的概念后,听阈声压级为 0 dB,而痛阈声压级为 120 dB。这些由原来听阈声压到痛阈声压相差 100 万倍,变成 0~120 dB 的变化范围,表示起来更方便。各环境的声压与声压级见表 5-1。

表 5-1 各环境的声压与声压级

声环境	声压/Pa	声压级/dB
听阈	2×10^{-5}	0
消声室内背景噪声	2×10^{-4}	20
正常交谈	6.3×10^{-3}	50
繁华街道上	6.3×10^{-2}	70
纺织车间内	2.0	100
电锯	3.56	105
大型球磨机附近	20	120
喷气飞机附近	200	140

(2)声强级。

$$L_I = 10\cdot\lg\frac{I}{I_0} \tag{5-6}$$

式中 L_I——声场中某点的声强级(dB);

I——声场中某点的声强(W/m^2);

I_0——基准声强,取 10^{-12} W/m^2。

(3)声功率级。

$$L_W = 10\cdot\lg\frac{W}{W_0} \tag{5-7}$$

式中 L_W——声源的声功率级(dB);

W——声源的声功率(W);

W_0——基准声功率,取 10^{-12} W。

2. 声级的运算

(1)声音的叠加。两个或两个以上的独立声源作用于声场中某一点时,就产生了声音的叠加。声能量是可以代数相加的,而声级由于是对数关系,不能代数相加。假设两个声源的声功率分别为 W_1 和 W_2,则总的声功率 $W_总 = W_1 + W_2$,当两个声源在声场某点的声强分别为 I_1 和 I_2 时,叠加后的总声强 $I_总 = I_1 + I_2$,但声压是不能直接相加的。

由前面可知:由于 $I_1 = \dfrac{p_1^2}{\rho\cdot c}$ $I_2 = \dfrac{p_2^2}{\rho\cdot c}$ (5-8)

因此
$$p_{总} = \sqrt{p_1^2 + p_2^2} \tag{5-9}$$

由于
$$\left(\frac{p_1}{p_0}\right)^2 = 10^{0.1L_{p_1}} \qquad \left(\frac{p_2}{p_0}\right)^2 = 10^{0.1L_{p_2}}$$

故总声压级
$$L_{p_{总}} = 10 \cdot \lg \frac{p_1^2 + p_2^2}{p_0^2} = 10 \cdot \lg(10^{0.1L_{p_1}} + 10^{0.1L_{p_2}}) \tag{5-10}$$

对应 n 个声源的一般情况有
$$L_{p_{总}} = 10\lg\left(\sum_{i=1}^{n} 10^{0.1L_{p_i}}\right) \tag{5-11}$$

如果 $L_{p_1} = L_{p_2}$，即两个声源的声压级相等，则总声压级：
$$L_p = L_{p_1} + 10 \cdot \lg 2 \approx L_{p_1} + 3 \tag{5-12}$$

即作用于某一点的两声源声压级相等，其合成的总声压级比一个声源的声压级增加 3 dB，而不是增加一倍。两个声压级相差 10 dB 以上时，叠加增量可忽略不计。

(2) 噪声的相减。在噪声测量时，往往会受到外界的噪声干扰。例如在测试某机器设备的声级时，存在背景噪声，就需要从总声级中扣除机器设备停止运行时的背景噪声声压级，得到的才是真实的机器设备的噪声声级，这就是声级的减法运算。

假设背景噪声的声级为 L_{p_B}，机器设备的噪声为 L_{p_s}，总声级为 L_{p_T}，由前面噪声相加可知：$L_{p_T} = 10\lg(10^{0.1L_{pB}} + 10^{0.1L_{ps}})$，则被测机器设备的声压级为

$$L_{p_s} = 10\lg(10^{0.1L_{p_T}} - 10^{0.1L_{p_B}}) \tag{5-13}$$

$$L_{p_s} = L_{p_T} + 10\lg(1 - 10^{-0.1\Delta L_{p_B}}), \quad \Delta L_{p_B} = L_{p_T} - L_{p_B} \tag{5-14}$$

3. 响度和响度级、等响曲线

(1) 响度 (N)。人的听觉与声音的频率有非常密切的关系。一般来说，两个声压相等而频率不同的纯音听起来是不一样响的。响度是人耳判别声音由轻到响的强度等级概念，它不仅取决于声音的强度(如声压级)，还与它的频率及波形有关。响度的单位叫作"宋" (sone)，1 sone 的定义为声压级为 40 dB，频率为 1 000 Hz，且来自听者正前方的平面波形的强度。如果另一个声音听起来比这个大 n 倍，即声音的响度为 n sone。

(2) 响度级 (L_N)。响度级的概念也是建立在两个声音的主观比较上的。定义 1 000 Hz 纯音声压级的分贝值为响度级的数值，任何其他频率的声音，当调节 1 000 Hz 纯音的强度使之与这个声音一样响时，则这个 1 000 Hz 纯音的声压级分贝值就定为这一声音的响度级值。响度级的单位叫"方" (phon)。

(3) 等响曲线。利用与基准声音比较的方法，可以得到人耳听觉频率范围内一系列响度相等的声压级与频率的关系曲线，即等响曲线。该曲线为国际标准化组织所采用，所以又称 ISO 等响曲线。

图 5-1 中同一曲线上不同频率的声音，听起来感觉一样响，而声压级是不同的。从曲线形状可知，人耳对 1 000～4 000 Hz 的声音最敏感。对低于或高于这一频率范围的声音，灵敏度随频率的降低或升高而下降。例如，一个声压级为 80 dB 的 20 Hz 纯音，它的响度级只有 20 phon，因为它与 20 dB 的 1 000 Hz 纯音位于同一条曲线上，同理，与它们一样响的 10 000 Hz 纯音声压级为 30 dB。

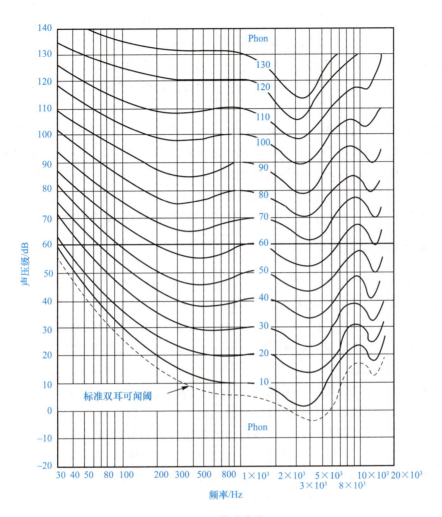

图 5-1　等响曲线

(4)响度与响度级的关系。根据大量试验得到,响度级每改变 10 phon,响度加倍或减半。例如,响度级 30 phon 时响度为 0.5 sone;响度级 40 phon 时响度为 1 sone;响度级为 50 phon 时响度为 2 sone,以此类推。响度级的合成不能直接相加,而响度可以相加。它们的关系可用下列数学式表示:

$$N = 2^{\frac{L_N - 40}{10}} \tag{5-15}$$

或

$$L_N = 40 + 33.2 \lg N \tag{5-16}$$

二、噪声及其评价

(一)噪声

人类生活在一个有声音的环境中,人们通过声音进行交谈、表达思想情感及开展各项活动。但有些声音也会给人类带来一定的危害,如震耳欲聋的机器声、呼啸而过的飞机声等，我们把这些人们生活和工作中不需要的声音叫作噪声。从物理现象判断，一切无规律的或随机的声信号都叫作噪声。噪声的判断还与人们的主观感觉和心理因素有关。噪声可能是由自然现象产生的，也可能是由人们活动形成的，噪声可以是杂乱无序的宽带声音，也可以是节奏和谐的音乐声，当声音超过人们生活和社会活动所允许的程度时就成为噪声污染。

环境噪声的来源有四种：一是交通噪声，包括飞机、火车、轮船和汽车等交通工具所产生的声音；二是工厂噪声，如织布机、冲床和鼓风机等工业设备所产生的声音；三是建筑施工噪声，如打桩机、挖掘机和混凝土搅拌机等发出的声音；四是社会生活噪声，如高音喇叭、电视机、收音机等发出的声音。噪声对人体的危害是多方面的，如损伤听力、影响睡眠、诱发各种疾病、干扰语言交谈等，同时强烈的噪声对物体也能产生损伤。

(二) 噪声的频谱分析

声源发出的声音，一般不会是单一频率的纯音，往往含有许多个不同的频率成分，且强度不同。频谱分析就是对声音的频率成分进行分析，若以频率为横坐标，以反映相应频率处声信号强弱的量（如声压、声强、声压级等）为纵坐标，绘制的曲线图称为频谱图。噪声的频谱分析很重要，它能了解噪声声源特性，可以帮助寻找主要的噪声污染源，并为噪声控制提供依据。

频谱分析的方法是使噪声信号通过一定带宽的滤波器，滤波器的带宽越窄，频谱展开越详细。具有对声信号进行频谱分析功能的设备称为频谱分析仪或称频率分析仪。频谱分析仪的核心是滤波器和声级计。滤波器的作用是把复杂的噪声成分分成若干个具有一定带宽的频带（或称频程），测量时只允许某个特定的频率声音通过，此时声级计表头指示的读数是该频带的声压级，而不是总声压级。滤波器的通带宽度决定频谱分析仪的类型，常用的频谱分析仪通常分为两类：一类是恒定带宽的分析仪；另一类是恒定百分比带宽的分析仪。一般噪声测量多用恒定百分比带宽的分析仪，其滤波器的带宽是中心频率的一个恒定百分比值，因此带宽随中心频率的增加而加大，即高频时的带宽比低频时宽。此类分析仪常用于测量无规则噪声。最常用的有倍频程分析仪和1/3倍频程分析仪。

在倍频程分析仪中，每一带宽通过频程的上截止频率等于下截止频率的两倍，即 $f_上:f_下=2:1$。在较精密的频谱分析时，需用1/3倍频程分析仪。1/3倍频程分析仪各频程的上截止频率与下截止频率的比值为 $\sqrt[3]{2}$。表5-2和表5-3分别列出了倍频程和1/3倍频程的 $f_上$、$f_下$ 和 $f_中$。频带宽度 $\Delta f = f_上 - f_下$，中心频率 $f_中 = \sqrt{f_上 \cdot f_下}$。

表5-2 倍频程的频率范围　　　　　　　　　　　　　　　　　　　　Hz

中心频率 $f_中$	下截止频率 $f_下$	上截止频率 $f_上$	中心频率 $f_中$	下截止频率 $f_下$	上截止频率 $f_上$
16	11.3	22.6	1 000	707.1	1 414.2
31.5	22.3	44.5	2 000	1 414.2	2 828.4

续表

中心频率 $f_{中}$	下截止频率 $f_{下}$	上截止频率 $f_{上}$	中心频率 $f_{中}$	下截止频率 $f_{下}$	上截止频率 $f_{上}$
63	44.5	89.1	4 000	2 828.4	5 656.8
125	88.4	176.8	8 000	5 656.8	11 313.6
250	176.8	353.6	16 000	11 313.6	22 627.2
500	353.6	707.1	—	—	—

表 5-3　1/3 倍频程滤波器的频率范围　　　　　　　　　　　　　　　　Hz

中心频率 $f_{中}$	下截止频率 $f_{下}$	上截止频率 $f_{上}$	中心频率 $f_{中}$	下截止频率 $f_{下}$	上截止频率 $f_{上}$
16	14.3	18.0	630	561.3	707.2
20	17.8	22.4	800	721.7	898.0
25	22.3	28.1	1 000	890.9	1 122.5
31.5	28.1	35.6	1 250	1 113.6	1 403.1
40	35.6	44.9	1 600	1 425.4	1 796.0
50	44.5	56.1	2 000	1 781.8	2 245.0
63	56.1	70.7	2 500	2 227.2	2 806.2
80	71.3	89.8	3 150	2 806.3	3 535.9
100	89.1	112.2	4 000	3 536.6	4 490.0
125	111.4	140.3	5 000	4 454.5	5 612.5
160	142.5	179.6	6 300	5 612.7	7 071.8
200	178.2	224.5	8 000	7 127.3	8 980.0
250	222.7	280.6	10 000	8 909.0	11 125.0
315	280.6	353.6	12 500	11 136.3	14 031.3
400	356.4	449.0	16 000	14 254.4	17 960.0
500	445.4	561.2	—	—	—

(三) 计权声级

由等响曲线可以看出，人耳对不同频率的声音敏感程度是不同的。在声级不高的情况下，人耳对高频声(特别是频率在 1 000～5 000 Hz 的声音)比对低频声要敏感得多。随着声级的提高，这种频率敏感性的差别逐渐减小。在许多声学仪器中，考虑到人耳的这种频率特性，设计了一种特殊的滤波器，称为计权网络。通过计权网络测得的声级就是计权声级。

计权网络是近似以人耳对纯音的响度级频率特性而设计的,通常采用的有 A、B、C、D 四种计权网络。其中 A、B、C 三种计权网络分别近似模拟了 40 phon、70 phon 和 100 phon 等响曲线。用这些计权网络测得的声级分别称为 A 声级、B 声级和 C 声级,并分别表示为 dB(A)、dB(B) 和 dB(C)。D 计权声级主要用于航空噪声的测量。由于 A 计权声级能较好地反映人耳对噪声强度与频率的主观感觉,因此,对于一个连续的稳态噪声,A 计权声级是一种较好的评价方法,A 计权声级已成为国际标准化组织和绝大多数国家用作评价噪声的主要指标。图 5-2 绘出了 A、B 和 C 计权曲线频率特性。表 5-4 为 A、B 和 C 计权响应与频率的关系,利用此表可计算出噪声的 A 声级。从图 5-2 和表 5-4 可看出 A、B 和 C 计权网络的区别是在低频范围的衰减不同,A 计权网络衰减最大,B 计权网络衰减次之,C 计权网络衰减最小。

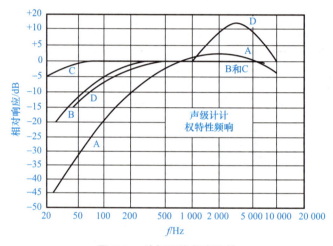

图 5-2 计权网络频率特性

表 5-4 计权响应与频率的关系

频率/Hz	A 计权修正值/dB	B 计权修正值/dB	C 计权修正值/dB	频率/Hz	A 计权修正值/dB	B 计权修正值/dB	C 计权修正值/dB
20	−50.5	−24.2	−6.2	630	−1.9	−0.1	0
25	−44.7	−20.4	−4.4	800	−0.8	0	0
31.5	−39.4	−17.1	−3	1 000	0	0	0
40	−34.6	−14.2	−2	1 250	0.6	0	0
50	−30.2	−11.6	−1.3	1 600	1	0	−0.1
63	−26.2	−9.3	−0.8	2 000	1.2	−0.1	−0.2
80	−22.5	−7.4	−0.5	2 500	1.3	−0.2	−0.3
100	−19.1	−5.6	−0.3	3 150	1.2	−0.4	−0.5
125	−16.1	−4.2	−0.2	4 000	1	−0.7	−0.8

续表

频率/Hz	A计权修正值/dB	B计权修正值/dB	C计权修正值/dB	频率/Hz	A计权修正值/dB	B计权修正值/dB	C计权修正值/dB
160	−13.4	−3	−0.1	5 000	0.5	−1.2	−1.3
200	−10.9	−2	0	6 300	−0.1	−1.9	−2
250	−8.6	−1.3	0	8 000	−1.1	−2.9	−3
315	−6.6	−0.8	0	10 000	−2.5	−4.3	−4.4
400	−4.8	−0.5	0	12 500	−4.3	−6.1	−6.2
500	−3.2	−0.3	0	16 000	−6.6	−8.4	−8.5

【例 5-1】 由倍频带声级计算 A 声级(表 5-5)。

表 5-5 由倍频带声级计算 A 声级

中心声级/Hz	31.5	63	125	250	500	1 000	2 000	4 000	8 000
频带声压级/dB	60	65	73	76	85	80	78	62	60
A计权修正值	−39.4	−26.2	−16.1	−8.6	−3.2	0	+1.2	+1.0	−1.1
修正后频带声级/dB	20.6	38.8	56.9	67.4	81.8	80	79.2	63.0	58.9
各声级叠加/dB	略	略	略	略	81.8	80	79.2	略	略
总的 A 计权声级/dB	$L_{p总}=10\lg(10^{0.1\times81.8}+10^{0.1\times80}+10^{0.1\times79.2})=85.2$									

(四)等效连续 A 声级和昼夜等效声级

A 声级对于一个稳态噪声是一种较好的评价方法。但噪声常常是间歇性的,或强度随时间起伏,对于这种非稳态噪声,用 A 声级进行评价是不合适的。因此,人们用等效连续 A 声级代替 A 声级来评价非稳态噪声。所谓等效连续 A 声级是在某个规定的时间段内的非稳态噪声的 A 声级,用能量平均的方法,以一个连续不变的 A 声级来表示该段时间内的噪声级。用 L_{eq} 表示,其数学表达式为

$$L_{eq}=10\cdot\lg\frac{1}{T}\int_0^T 10^{0.1L_{pA(t)}}\,\mathrm{d}t \qquad (5\text{-}17)$$

式中 $L_{pA(t)}$——噪声信号瞬时 A 计权声压级(dB);
T——总的测量时段(s)。

当测量是采样测量,采样时间间隔相同时,式(5-17)可简化为

$$L_{eq}=10\cdot\lg\left[\frac{1}{n}\sum_{i=1}^n 10^{0.1L_{pAi}}\right] \qquad (5\text{-}18)$$

式中 L_{pAi}——第 i 个 A 计权声级(dB);
n——测量数据个数。

由此可见，对于连续的稳态噪声等效连续 A 声级就是测得的 A 计权声级。在噪声的测量中计算等效连续 A 声级可采用如下的方法：以每天工作 8 h 为基准。在某个测点，测出的声级按由小到大的顺序排列，每 5 dB(A) 为一个段落，每段落的中心声级为 80 dB(A)、85 dB(A)、90 dB(A)、95 dB(A)、…，80 dB(A) 表示 78～82 dB(A) 的中心声级，85 dB(A) 表示 83～87 dB(A) 的中心声级……，低于 78 dB(A) 的声级不予考虑，则每天的等效连续 A 声级可按下式计算：

$$L_{eq} = 80 + 10 \cdot \lg \frac{\sum_{i=1}^{n} 10^{\frac{n-1}{2}} \times T_n}{480} \tag{5-19}$$

【例 5-2】 某工人一天工作 8 h，接触噪声情况如下：接触 100 dB 的噪声 4 h，接触 90 dB 的噪声 2 h，接触 80 dB 噪声 2 h，求该工人一天接触噪声的等效连续 A 声级。

解：由题意对应于 100 dB、90 dB、80 dB 的 n 值分别为 5、3、1，T_n 值分别为 $T_1 = 120$ min、$T_3 = 120$ min、$T_5 = 240$ min。

$$L_{eq} = 80 + 10 \cdot \lg \frac{10^{\frac{5-1}{2}} \times 240 + 10^{\frac{3-1}{2}} \times 120 + 10^{\frac{1-1}{2}} \times 120}{480}$$

$$= 80 + 10 \cdot \lg 53 = 97 (\text{dB})$$

由于同样的噪声在白天和在夜晚对人的影响是不一样的，而等效连续 A 声级并不能反映人对噪声主观反映的这一特点。为了考虑噪声在夜间对人们烦恼的增加，规定在夜间测得的所有声级加上 10 dB(A) 作为修正值，再计算昼夜噪声能量的加权平均，由此构成昼夜等效声级这一评价量，用符号 L_{dn} 表示，其定义式为

$$L_{dn} = 10 \cdot \lg \left[\frac{1}{3} \times 10^{0.1(\overline{L}_n + 10)} + \frac{2}{3} \times 10^{0.1\overline{L}_d} \right] \tag{5-20}$$

式中 $\overline{L}_d$——昼间(06:00～22:00)测得的噪声能量平均 A 声级(dB)；

$\overline{L}_n$——夜间(22:00～06:00)测得的噪声能量平均 A 声级(dB)。

(五)累计百分数声级(统计声级)

在评价区域环境噪声和交通噪声时，常用的是累计百分数声级，又称统计声级。在现实生活中，许多环境噪声属于非稳态的噪声，虽然此类噪声可以用等效连续 A 声级表示，但噪声随机的起伏程度却表达不出来。这种起伏可以用噪声出现的时间概率或累积概率来表示。目前采用的评价量为累计百分数声级 L_x，它表示在测量时间内高于 L_x 的声级所占的时间为 $x\%$。如 $L_{10} = 70$ dB(A)，表示在整个测量时间内，高于 70 dB(A) 的时间占 10%，其余 90% 的时间内噪声声级均低于 70 dB(A)。

通常认为，L_{90} 相当于本底噪声级，L_{50} 相当于中值噪声级，L_{10} 相当于峰值噪声级。累计百分数声级一般只用于有较好正态分布的噪声评价。对于统计特征符合正态分布的噪声，其累计百分数声级与等效连续 A 声级之间的近似关系为

$$L_{eq} \approx L_{50} + \frac{(L_{10} - L_{90})^2}{60} \tag{5-21}$$

(六)交通噪声指数(TNI)

交通噪声指数(TNI)是用统计声级来评价机动车辆对周围环境的干扰程度,是城市道路交通噪声评价的一个重要参量。

交通噪声指数(TNI)的测量是在 24 h 周期内进行大量的 A 声级取样,取样时间不连续,将取样后的声级(如 100 个或 200 个)从大到小排列,求得累计百分数声级 L_{10} 和 L_{90},可由下式计算交通噪声指数:

$$TNI = 4(L_{10} - L_{90}) + L_{90} - 30 \tag{5-22}$$

式中　L_{10}——峰值噪声(dB);

　　　L_{90}——本底噪声(dB)。

交通噪声指数是根据交通噪声特征经大量测量和调查得出的,只适用于机动车辆噪声对周围环境干扰的评价,而且仅限于车流量较多及附近无固定声源的环境。对于车流量较少的环境,L_{10} 和 L_{90} 的差值较大,得到的交通噪声指数(TNI)也很大,使计算数值明显夸大了噪声的干扰程度。例如,在繁忙的交通干线处 $L_{90}=70$ dB(A),$L_{10}=84$ dB(A),其 $TNI=96$ dB(A),对于车流量较少的道路,L_{10} 仍可能为 84 dB(A),但 L_{90} 会大大降低,可假定为 55 dB(A),其 $TNI=141$ dB(A),大大超过前者,显然不合理,原因是噪声涨落较大。

三、噪声标准

噪声标准是指在不同情况下所允许的最高噪声级。噪声标准是对噪声进行行政管理和技术上控制噪声的依据。我国颁布的噪声标准可概括为三类:第一类是环境噪声标准;第二类是保护职工身体健康(主要是保护听力)的劳动卫生标准;第三类是产品噪声标准。

(一)环境噪声标准

为了防治噪声污染,保障城乡居民正常生活、工作和学习的声环境质量,制定了《声环境质量标准》(GB 3096—2008)。本标准规定了五类声环境功能区的环境噪声限值及测量方法。本标准适用于声环境质量评价与管理。机场周围区域受飞机通过(起飞、降落、低空飞越)噪声的影响,不适用于本标准。

《声环境质量标准》
(GB 3096—2008)

在标准中规定了各类区域的环境噪声最高限值,见表 5-6。

表 5-6　环境噪声限值　　　　　　　　　　　　　dB(A)

声环境功能区类别	时段	
	昼间	夜间
0 类	50	40
1 类	55	45

续表

声环境功能区类别		时段	
		昼间	夜间
2 类		60	50
3 类		65	55
4 类	4a 类	70	55
	4b 类	70	60

按区域的使用功能特点和环境质量要求，声环境功能区分为以下五种类型：

0 类声环境功能区：是指康复疗养区等特别需要安静的区域。

1 类声环境功能区：是指以居民住宅、医疗卫生、文化教育、科研设计、行政办公为主要功能，需要保持安静的区域。

2 类声环境功能区：是指以商业金融、集市贸易为主要功能，或者居住、商业、工业混杂，需要维护住宅安静的区域。

3 类声环境功能区：是指以工业生产、仓储物流为主要功能，需要防止工业噪声对周围环境产生严重影响的区域。

4 类声环境功能区：是指交通干线两侧一定距离之内，需要防止交通噪声对周围环境产生严重影响的区域，包括 4a 类和 4b 类两种类型。4a 类为高速公路、一级公路、二级公路、城市快速路、城市主干路、城市次干路、城市轨道交通（地面段）、内河航道两侧区域；4b 类为铁路干线两侧区域。

表 5-6 中 4b 类声环境功能区环境噪声限值，适用于 2011 年 1 月 1 日起环境影响评价文件通过审批的新建铁路（含新开廊道的增建铁路）干线建设项目两侧区域。

在下列情况下，铁路干线两侧区域不通过列车时的环境背景噪声限值，按昼间 70 dB(A)、夜间 55 dB(A)执行：

(1)穿越城区的既有铁路干线；

(2)对穿越城区的既有铁路干线进行改建、扩建的铁路建设项目。

既有铁路是指 2010 年 12 月 31 日前已建成运营的铁路或环境影响评价文件已通过审批的铁路建设项目。

各类声环境功能区突发噪声，其最大声级超过环境噪声限值的幅度不得高于 15 dB(A)。

根据《中华人民共和国环境噪声污染防治法》，昼间和夜间的划分，通常认为 6：00—22：00 为昼间，22：00—6：00 为夜间。县级以上人民政府为环境噪声污染防治的需要（如考虑时差、作息习惯差异等）而对昼间、夜间的时间进行划分的，应按其规定执行。

(二)室内环境噪声允许标准

为了保证生活及工作环境的安静，世界各国都颁布了室内环境噪声标准，但由于地区之间的差异和生活条件的不同,各国及地区的标准并不完全一致。

《声环境质量标准》(GB 3096—2008)中对噪声敏感建筑物的监测方法中规定:监测点一般设于噪声敏感建筑物户外。不得不在噪声敏感建筑物室内监测时,应在门窗全打开状况下进行室内噪声测量,并采用较该噪声敏感建筑物所在声环境功能区对应环境噪声限值低 10 dB(A)的值作为评价依据。

《民用建筑隔声设计规范》(GB 50118—2010)中规定住宅、学校内用房的允许噪声级应符合表 5-7 的规定;医院、办公建筑、商业建筑主要房间内噪声级应符合表 5-8 的规定;旅馆建筑内各房间的噪声级应符合表 5-9 的规定。

表 5-7 住宅、学校内用房的允许噪声级

建筑物类型	房间名称	允许噪声级(A 声级 dB)	
		昼间	夜间
一般要求住宅	卧室	≤45	≤37
	起居室(厅)	≤45	
高要求住宅	卧室	≤40	≤30
	起居室(厅)	≤40	
学校建筑中各教学用房	语言教室、阅览室	≤40	
	普通教室、实验室、计算机房	≤45	
	音乐教室、琴房	≤45	
	舞蹈教室	≤50	
学校建筑中教学辅助用房	教师办公室、休息室、会议室	≤45	
	健身房	≤50	
	教学楼中封闭的走廊、楼梯间	≤50	

表 5-8 医院、办公建筑、商业建筑主要房间内的允许噪声级

房间类型	房间名称	允许噪声级(A 声级 dB)			
		高要求标准		低限标准	
		昼间	夜间	昼间	夜间
医院主要房间	病房、医护人员休息室	≤40	≤35[注1]	≤45	≤40
	各类重症监护室	≤40	≤35	≤45	≤40
	诊室	≤40		≤45	
	手术室、分娩室	≤40		≤45	
	洁净手术室	—		≤50	

续表

房间类型	房间名称	允许噪声级(A声级 dB)			
		高要求标准		低限标准	
		昼间	夜间	昼间	夜间
医院主要房间	人工生殖中心净化室	—		≤40	
	听力测听室	—		≤25[注2]	
	化验室、分析实验室	—		≤40	
	入口大厅、候诊厅	≤50		≤55	
办公建筑	单人办公室	≤35		≤40	
	多人办公室	≤40		≤45	
	电视电话会议室	≤35		≤40	
	普通会议室	≤40		≤45	
商业建筑内各房间	商场、商店、购物中心、会展中心	≤50		≤55	
	餐厅	≤45		≤55	
	员工休息室	≤40		≤45	
	走廊	≤50		≤60	

注：1. 对特殊要求的病房，室内允许噪声级应小于或等于 30 dB。
2. 表中听力测听室允许噪声级的数值，适用于采用纯音气导和骨导听阈测听法的听力测听室；采用声场测听法的听力测听室的允许噪声级另有规定。

表 5-9　旅馆建筑各房间内的允许噪声级

房间名称	允许噪声级(A声级 dB)					
	特级		一级		二级	
	昼间	夜间	昼间	夜间	昼间	夜间
客房	≤35	≤30	≤40	≤35	≤45	≤40
办公室、会议室	≤40		≤45		≤45	
多用途厅	≤40		≤45		≤50	
餐厅、宴会厅	≤45		≤50		≤55	

(三)健康保护和听力保护标准

大量试验和调查表明，在 80 dB(A)和 85 dB(A)的噪声环境中长期工作，仍有少数人产生噪声性耳聋，理想的健康和听力保护标准应是 70 dB(A)，但在考虑实际标准时，要兼顾考虑保护大多数人不受危害和经济上的合理性。

世界上不少国家采用每天暴露 8 h 或每周 40 h 噪声级为 90 dB(A)的标准,少数国家采用 85 dB(A)的标准。若噪声暴露时间减半,噪声级可提高 3~5 dB(A)。

我国 1979 年颁布的《工业企业噪声卫生标准》规定,工业企业生产车间和作业场所的噪声标准为接触噪声 8 h、85 dB(A),接触时间减半,噪声允许增加 3 dB(A)。现有企业经过努力暂时达不到该标准时,可放宽至 90 dB(A),不同接触时间的相应标准见表 5-10 和表 5-11。

表 5-10　工业企业噪声卫生标准

每日工作接触噪声的时间/h	8	4	2	1
允许噪声/dB(A)	85	88	91	94

注:最高不得超过 115 dB(A)。

表 5-11　现有企业暂时达不到标准的参照表

每日工作接触噪声的时间/h	8	4	2	1
允许噪声/dB(A)	90	93	96	99

注:最高不得超过 115 dB(A)。

国际标准化组织(ISO)在其推荐的标准中规定,为了保护听力,按每周 40 h 工作时间容许噪声标准为 90 dB(A),噪声每提高 3 dB(A),噪声接触时间减半。在任何情况下,噪声都不应超过保护听力的极限声级 115 dB(A)。

对于非稳态噪声的工作环境或工作位置流动的情况,根据测量规范的规定,应测量等效连续 A 声级,或测量不同的 A 声级和相应的暴露时间,按如下方法计算噪声暴露率:噪声暴露率的计算是将暴露声级的时数除以该暴露声级的允许工作的时数。假设在声级 L_i 的时数为 C_i,L_i 声级允许暴露的时数为 T_i,则按每天 8 h 工作可计算出噪声暴露率 D:

$$D = \frac{C_1}{T_1} + \frac{C_2}{T_2} + \frac{C_3}{T_3} + \cdots + \frac{C_i}{T_i} = \sum \frac{C_i}{T_i} \tag{5-23}$$

若 $D>1$ 表明 8 h 工作的噪声暴露剂量超过允许标准。

【例 5-3】　某车间中工作人员在一个工作日内噪声暴露累积时间为 90 dB(A)、4 h,75 dB(A)、2 h,99 dB(A)、2 h,计算噪声暴露率 D。以现有企业标准评价,是否超过安全标准?

解:由题意查表 5-11 可知,90 dB(A)允许暴露时间为 8 h,99 dB(A)允许暴露时间为 1 h。因此

$$D = \frac{C_1}{T_1} + \frac{C_2}{T_2} = \frac{4}{8} + \frac{2}{1} = 2.5$$

由于 $D>1$,因此车间工作人员的工作噪声已超过噪声安全标准。

(四)工业企业厂界噪声标准

国家发布了《工业企业厂界环境噪声排放标准》(GB 12348—2008)以控制工厂及可能造成噪声污染的企业、事业单位对外界环境噪声的排放。在《工业企业厂界环境噪声排放标准》(GB 12348—2008)中规定了五类区域的厂界噪声标准(表5-12)。

《工业企业厂界环境噪声
排放标准》
(GB 12348—2008)

表5-12　各类厂界噪声标准值(等效声级 L_{eq})

类别	昼间/dB(A)	夜间/dB(A)
0	50	40
1	55	45
2	60	50
3	65	55
4	70	55

标准中规定昼间和夜间的时间由当地人民政府按当地习惯和季节变化划定。对夜间突发性噪声,标准中规定对频繁突发噪声峰值不准超过标准值 10 dB(A),对偶然突发噪声其峰值不准超过标准值 15 dB(A)。

(五)建筑施工场界噪声限值

建筑施工往往带来较大的噪声,国家标准《建筑施工场界环境噪声排放标准》(GB 12523—2011)中规定了不同施工阶段与敏感区域相应的建筑施工场地边界线处的噪声限值,见表5-13。

表5-13　建筑施工场界噪声排放限值　　　　　　　　　　　dB(A)

昼间	夜间
70	55

夜间噪声最大声级超过限值的幅度不得高于 15 dB(A),当场界距噪声敏感建筑物较近,其室外不满足测量条件时,可在噪声敏感建筑物室内测量并将表中相应的限值减 10 dB(A)作为评价依据。

(六)机动车辆噪声标准

机动车辆噪声标准是控制城市交通噪声的重要基础依据。它不仅为各种车辆的研究、设计和制造提供了噪声控制的指标,同时也是城市车辆噪声管理、监测的依据。我国在1997年1月1日实施了《汽车定置噪声限值》(GB 16170—1996)标准。本标准规定了汽车定置噪声的限值。本标准适用于城市道路允许行驶的在用汽车。汽车定置是指车辆不行驶、发动机处于空载运转状态。定置噪声反映了车辆主要噪声源——排气噪声和发动机噪声的状况。标准中规定的对各类汽车的噪声限值见表 5-14。

表 5-14　各类车辆定值的噪声限值　　　　　　　　dB(A)

车辆类型	燃料种类	车辆出厂日期	
		1998 年 1 月 1 日前	1998 年 1 月 1 日起
轿车	汽油	87	85
微型客车、货车	汽油	90	88
轻型客车、货车 越野车	汽油　$n \leq 4\ 300$ r/min	94	92
	汽油　$n > 4\ 300$ r/min	97	95
	柴油	100	98
中型客车、货车 大型客车	汽油	97	95
	柴油	103	101
重型货车	额定功率 $N \leq 147$ kW	101	99
	额定功率 $N > 147$ kW	105	103

注：N——厂家规定的额定功率。

在工业生产过程中，噪声污染和水污染、空气污染、固体废物污染等一样是当代主要的环境污染之一。但噪声污染与水污染、空气污染、固体废物污染等不同，它是物理污染(或称为能量污染)，一般情况下它不致命，与声源同时产生同时消失。噪声源分布较广，较难集中处理。

四、噪声测量仪器

噪声测量是噪声监测、控制及研究的重要手段。通过噪声测量，了解噪声污染程度、噪声源的状况和噪声的特征，确定控制噪声的措施，检验与评价噪声控制的效果。为了对噪声进行正确的测量分析，必须了解测量仪器的性能和用途，明确测量分析的目的，选择合适的测量方法和规范。

常用的噪声测量仪器有声级计、频谱分析仪和计算机控制测量仪器等。

(一)声级计

在噪声的测量中，声级计是最常用的基本声学仪器，是一种可测量声压级的便携式仪器。它具有体积小、质量轻、操作简便和便于携带等特点，适用于室内噪声、环境噪声和建筑施工噪声等各种噪声的测量。

1. 声级计的组成

声级计一般由传声器、放大器、衰减器、计权网络、检波器和指示器等组成，如图 5-3 所示。

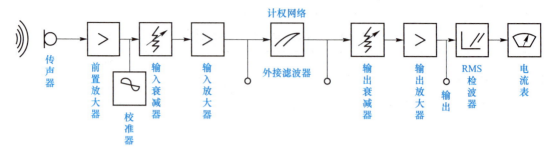

图 5-3 声级计组成

(1)传声器:又称话筒,是把声压转换成电压的声电换能器,直接影响声级计测量的准确度。传声器的种类很多,它们的转换原理及结构各不相同,要求测试用的传声器在测量频率范围内有平直的频率响应、动态范围要广、无指向性、本底噪声低、稳定性好。目前,多选用空气电容传声器和驻极体电容传声器。空气电容传声器具有频率响应平直、动态范围广、灵敏度高、固有噪声低、受电磁场和外界振动影响小等优点。驻极体电容传声器使用方便,但性能比空气电容传声器差。

(2)放大器:电容传声器把声音变成电信号,电信号一般很微弱,需要进行放大,对声级计中放大器的要求是具有较高的输入阻抗和较低的输出阻抗,有较小的非线性失真和较宽的频率范围,频率响应特性平直,本底噪声低。放大系统包括输入放大器和输出放大器两种。

(3)衰减器:其作用是将接收到的强信号给予衰减,以免放大器过载。衰减器分为输入衰减器和输出衰减器。为提高信噪比,一般测量时应尽量将输出衰减器调至最大衰减挡,在输入放大器不过载的条件下,将输入衰减器调至最小挡,使输入信号与输入放大器的电噪声有尽可能大的差值,以保证输入信号不因放大器过载而失真。

(4)计权网络:根据计权网络衰减特性的不同将计权网络分为 A 计权网络、B 计权网络和 C 计权网络。利用这些计权网络测量的声级分别为 A 计权声级、B 计权声级和 C 计权声级。

声级计设有"S"(慢)、"F"(快)、"I(脉冲)"三种时间计权挡位。S 和 F 挡反应时间常数分别为 1 000 ms 和 125 ms,I 挡上升沿时间常数为 35 ms、下降沿时间常数为 1 500 ms。"快"挡的平均时间与人耳的听觉生理特性相接近,适合于稳态噪声和记录噪声随时间的起伏变化过程。"慢"挡适合于测量起伏变化较大的噪声。"脉冲"挡适用于测量脉冲噪声。

(5)检波器和指示器:检波器的作用是将放大器输出的交流信号整流成直流信号,以便在指示器上获得测量结果。

2. 声级计的分类

国际电工委员会(IEC651)、国家标准《电声学 声级计 第 1 部分:规范》(GB/T 3785.1—2010)和《电声学 声级计 第 2 部分:型式评价试验》(GB/T 3785.2—2010)将声级计等级分为 1、2 级,见表 5-15。

表 5-15　声级计的分类

类型	Ⅰ型	Ⅱ型
测量精度	±0.7 dB	±1.0 dB
用途	声学研究	现场测量

精密声级计具有测量频带声压级的功能，配置有倍频程和 1/3 倍频程滤波器。国家标准规定：用于城市区域环境噪声测量的仪器为精密度Ⅱ型以上的积分声级计。

3. 声级计的工作原理

声压由传声器膜片接收，将声压信号转换成电信号，经前置放大器做阻抗变换后送到输入衰减器将较强信号衰减。经衰减器衰减的信号，再由输入放大器定量放大，放大后的信号由计权网络模拟人耳对不同频率有不同的灵敏度的听觉响应，在计权网络处可外接滤波器，可作频谱分析。输出的信号由输出衰减器减至定额值，送到输出放大器放大，使信号达到相应的功率输出，输出信号经均方根检波电路检波后送出有效值电压推动电表，显示所测的声压级。

(二) 环境噪声自动监测系统

环境噪声自动监测系统主要由噪声自动监测子站、管理控制中心，以及数据传输系统组成。其中，噪声自动监测子站由噪声监测终端、全天候户外传声器单元、各自选配部件、不间断电源(UPS)、数据传输设备、固定站设施等构成；管理控制中心主要由数据通信服务器、数据存储服务器、噪声计算工作站、管理系统、信息发布系统组成。

(三) 计算机控制测量仪器

随着大规模集成电路和计算机技术的发展，噪声的测量和分析技术有了较快的发展，使得噪声的测量和分析更快速、准确，出现了一系列新的仪器，如声级分析仪、实时分析仪等，并已在噪声分析和控制中得以广泛应用。

1. 噪声声级分析仪

噪声声级分析仪适用于各类环境噪声的检测和评价。对于道路交通噪声、航空噪声、环境噪声等随时间变化的非稳态噪声，我国标准规定采用 L_{eq}、L_5、L_{10}、L_{50}、L_{90} 等量作为评价量。噪声声级分析仪可与带有前置放大器的话筒、声级计联合使用，测量通道有 1~4 个，多个通道可以同时进行测量，动态范围一般为 70~110 dB，可不用变挡测量大幅度变化的噪声。声级分挡、取样时间和取样时间间隔自行选择。时间网络有快、慢和脉冲峰值等挡位。在记录纸上可以打印出声压级瞬时值、等效声级、统计声级、交通噪声指数等。有一些声级分析仪可计算出最大值、最小值、标准偏差，能绘制出统计曲线和累积曲线。

2. 实时分析仪

对于一些瞬时即逝的信号（如行驶的汽车、飞机、火车以及脉冲噪声等），用一般的仪器测量会有困难。对于此类时间性较强的噪声进行频率分析，必须使用具有瞬时频率分析功能的仪器，实时分析仪可将瞬时信号全部显示于屏幕上，存储以后可用计算机等记录或打印下来。经常使用的实时分析仪有两种：一种是1/3倍频带的实时分析仪；另一种是窄带实时分析仪。

1/3倍频带的实时分析仪的工作原理是输入信号通过前置放大器，输给多个并联的1/3倍频程滤波器，每个滤波器都有自己的检波器、积分器和存储电路，通过开关和逻辑电路在显像管上显示。输出信号可供计算机自动进行数据处理。

窄带实时分析仪是利用时间压缩原理，把输入信号存入储存器中，通过模-数转换系统高速取样，用模拟滤波器分析，若把窄带实时分析仪和小型计算机连用，可组成一个数据自动采集和处理系统。窄带实时分析仪可对噪声和振动进行详细的分析，可用于语言、音乐等声信号的分析。

任务二　噪声现场监测

任务导入

依据任务一制定的学校周边某一交通道路路段噪声监测方案，严格按照标准要求，完成监测点位的噪声监测。按照噪声环境质量监测程序完成整个监测过程，并做出质量评价，编制监测报告。

知识学习

一、城市声环境监测

城市环境噪声监测包括城市区域环境噪声监测、城市交通噪声监测、城市环境噪声长期监测和城市环境中扰民噪声源的调查测试等。本任务参照《环境噪声监测技术规范 城市声环境常规监测》(HJ 640—2012)实施，本标准规定了城市声环境常规监测的监测内容、点位设置、监测频次、测量时间、评价方法及质量保证和质量控制等技术要求。

《环境噪声监测技术规范
城市声环境常规监测》
(HJ 640—2012)

(一)监测设备

测量仪器应为精度Ⅱ型以上的积分式声级计及环境噪声自动监测仪器，其性能应符合相关要求。测量仪器和声校准器应按规定定期检定。

(二)条件要求

测量应在无雨、无雪的天气条件下进行，风速为5.5 m/s以上时停止测量。测量时传声器加风罩以避免风噪声干扰,同时也可保持传声器清洁。铁路两侧区域环境噪声测量,应避开列车通过的时段。

测量时间分为白天(6:00~22:00)和夜间(22:00~6:00)两部分。白天测量一般选在 8:00~12:00 或 14:00~18:00;夜间一般选在 22:00~5:00,随着地区和季节不同,上述时间可由当地人民政府按当地习惯和季节变化划定。

在昼间和夜间的规定时间内测得的等效 A 声级分别称为昼间等效声级 L_d 或夜间等效声级 L_n。昼夜等效声级为昼间和夜间等效声级的能量平均值,用 L_{dn} 表示,单位为 dB。

考虑到噪声在夜间要比昼间更吵人,故计算昼夜等效声级时,需要将夜间等效声级加上 10 dB 后再计算。如昼间规定为 16 h,夜间为 8 h,昼夜等效声级为

$$L_{dn} = 10 \cdot \lg\left[\frac{1}{3} \times 10^{0.1(\overline{L_n}+10)} + \frac{2}{3} \times 10^{0.1\overline{L_d}}\right] \tag{5-24}$$

(三)城市环境噪声监测方法

1. 城市区域环境噪声监测

(1)区域监测的目的。评价整个城市环境噪声总体水平;分析城市声环境状况的年度变化规律和变化趋势。

(2)布点方法。基本方法有网格测量法和定点测量法两种。

①网格测量法。按声环境功能区普查监测方法,将整个城市建成区划分成多个等大的正方形网格(如 1 000 m×1 000 m),对于未连成片的建成区,正方形网格可以不衔接。网格中水面面积或无法监测的区域(如禁区)面积为 100% 及非建成区面积大于 50% 的网格为无效网格。整个城市建成区有效网格总数应多于 100 个。在每一个网格的中心布设 1 个监测点位。若网格中心点不宜测量(如水面、禁区、马路行车道等),应将监测点位移动到距离中心点最近的可测量位置进行测量。测点位置要符合《声环境质量标准》(GB 3096—2008)中的要求。监测点位高度距地面为 1.2~4.0 m。监测点位基础信息见表 5-16。

表 5-16 功能区声环境监测点位基础信息

年度:_____ 城市代码:_____ 监测站名:_____ 网格边长:_____ m 建成区面积:_____ km²

网格代码	测点名称	测点经度	测点纬度	测点参照物	网格覆盖人口/万人	功能区代码	备注

负责人:_____ 审核人:_____ 填表人:_____ 填表日期:_____

应分别在昼间和夜间进行测量。在规定的测量时间内,每次每个测点测量 10 min 的

连续等效 A 声级(L_{Aeq})。将测量到的连续等效 A 声级按 5 dB 一挡分级（如 60～65、65～70、70～75）。用不同的颜色或阴影线表示每一挡等效 A 声级，绘制在覆盖某一区域或城市的网格上，用于表示区域或城市的噪声污染分布情况。

②定点测量法。在标准规定的城市建成区中，优化选取一个或多个能代表某一区域或整个城市建设区环境噪声平均水平的测点，进行 24 h 连续监测。测量每小时的 L_{Aeq} 及昼间的 L_d 和夜间的 L_n，将每小时测得的连续等效 A 声级按时间排列，得到 24 h 的声级变化图形，用于表示某一区域或城市环境噪声的时间分布规律。

(3) 区域监测的频次、时间与测量。

①昼间监测每年 1 次，监测工作应在昼间正常工作时段内进行，并应覆盖整个工作时段。

②夜间监测每五年 1 次，在每五年规划的第三年监测，监测从夜间起始时间开始。

③监测工作应安排在每年的春季或秋季，每个城市监测日期应相对固定，监测应避开节假日和非正常工作日。

④每个监测点位测量 10 min 的等效连续 A 声级 L_{Aeq}（简称等效声级），记录累计百分数声级 L_{10}、L_{50}、L_{90}、L_{max}、L_{min} 和标准偏差（SD）。

(4) 区域监测的结果与评价。

①监测数据应按表 5-17 规定的内容记录。

表 5-17 区域声环境监测记录表

监测站名：_____
监测仪器(型号、编号)：_____ 声校准器(型号、编号)：_____ 监测前校准值 dB：_____
监测后校准值 dB：_____ 气象条件：_____

网格代码	测点名称	月	日	时	分	声源代码	L_{Aeq}	L_{10}	L_{50}	L_{90}	L_{max}	L_{min}	标准差（SD）	备注

注：1. 声源代码：1. 交通噪声；2. 工业噪声；3. 施工噪声；4. 生活噪声。
2. 两种以上噪声填主噪声。
3. 除交通、工业、施工噪声外的噪声，归入生活噪声。

负责人：_____ 审核人：_____ 测试人员：_____ 监测日期：_____

②计算整个城市环境噪声总体水平。将整个城市全部网格测点测得的等效声级分为昼间和夜间，按下式进行算术平均运算，所得到的昼间平均等效声级 S_d 和夜间平均等效

声级 S_n 代表该城市昼间和夜间的环境噪声总体水平。各监测点位昼间、夜间等效声级，按《声环境质量标准》（GB 3096—2008）中相应的环境噪声限值进行独立评价，各功能区按监测点位分别统计昼间、夜间达标率。城市区域环境噪声总体水平等级划分见表 5-18。

$$\overline{S} = \frac{1}{n} \times \sum_{i=1}^{n} L_i \tag{5-25}$$

式中 $\overline{S}$——城市区域昼间平均等效声级（$\overline{S}_d$）或夜间平均等效声级（$\overline{S}_n$）[dB(A)]；

L_i——第 i 个网格测得的等效声级[dB(A)]；

n——有效网格总数。

表 5-18 城市区域环境噪声总体水平等级划分　　　　　　　　　　dB(A)

等级	一级	二级	三级	四级	五级
昼间平均等效声级（$\overline{S}_d$）	≤50.0	50.1～55.0	55.1～60.0	60.1～65.0	>65.0
夜间平均等效声级（$\overline{S}_n$）	≤40.0	40.1～45.0	45.1～50.0	50.1～55.0	>55.0

城市区域环境噪声总体水平等级"一级"至"五级"可分别对应评价为"好""较好""一般""较差"和"差"。

③功能区声环境质量时间分布图。以每小时测得的等效声级为纵坐标、时间序列为横坐标，绘制得出 24 h 的声级变化图形，用于表示功能区监测点位环境噪声的时间分布规律。同一点位或同一类功能区绘制总体时间分布图时，小时等效声级采用对应小时算术平均的方法计算。

2. 城市交通噪声监测

(1)道路交通监测的目的。反映道路交通噪声源的噪声强度；分析道路交通噪声声级与车流量、路况等的关系及变化规律；分析城市道路交通噪声的年度变化规律和变化趋势。

(2)道路交通监测的点位设置。

①能反映城市建成区内各类道路（城市快速路、城市主干路、城市次干路、含轨道交通走廊的道路及穿过城市的高速公路等）交通噪声排放特征。

②能反映不同道路（考虑车辆类型、车流量、车辆速度、路面结构、道路宽度、敏感建筑物分布等）交通噪声排放特征。

③道路交通噪声监测点位数量：巨大、特大城市≥100 个；大城市≥80 个；中等城市≥50 个；小城市≥20 个。一个测点可代表一条或多条相近的道路。根据各类道路的路长比例分配点位数量。

④测点选在路段两路口之间，距任一路口的距离大于 50 m，路段不足 100 m 的选路段中点，测点位于人行道上距路面（含慢车道）20 cm 处，监测点位高度距地面为 1.2～6.0 m。测点应避开非道路交通源的干扰，传声器指向被测声源。监测点位基础信息见表 5-19。

表 5-19　道路交通声环境监测点位基础信息

年度：_____　城市代码：_____　监测站名：_____

测点代码	测点名称	测点经度	测点纬度	测点参照物	路段名称	路段起止点	路段长度/m	路段宽度/m	道路等级	路段覆盖人口/万人	备注

负责人：　　　　　　审核人：　　　　　　填表人：　　　　　　填表日期：

(3) 监测的频次、时间与测量。

① 昼间监测每年 1 次，监测工作应在昼间正常工作时段内进行，并应覆盖整个工作时段。

② 夜间监测每五年 1 次，在每五年规划的第三年监测，监测从夜间起始时间开始。

③ 监测工作应安排在每年的春季或秋季，每个城市监测日期应相对固定，监测应避开节假日和非正常工作日。

④ 每个测点测量 20 min 等效声级 L_{eq}，记录累计百分数声级 L_{10}、L_{50}、L_{90}、L_{max}、L_{min} 和标准偏差(SD)，分类(大型车、中小型车)记录车流量。

(4) 道路交通监测的结果与评价。

① 监测数据应按表 5-20 规定的内容记录。

表 5-20　道路交通声环境监测记录表

监测站名：_____
监测仪器(型号、编号)：_____　声校准器(型号、编号)：_____　监测前校准值 dB：_____
监测后校准值 dB：_____　气象条件：_____

测点代码	测点名称	月	日	时	分	L_{eq}	L_{10}	L_{50}	L_{90}	L_{max}	L_{min}	标准差(SD)	车流量/(辆·min^{-1})		备注
													大型车	中小型	

负责人：　　　　　　审核人：　　　　　　测试人员：　　　　　　监测日期：

② 将道路交通噪声监测的等效声级采用路段长度加权算术平均法，按式(5-26)计算城市道路交通噪声平均值。

$$\overline{L} = \frac{1}{l} \sum_{i=1}^{n} l_i \times L_i \tag{5-26}$$

式中 $\overline{L}$——道路交通昼间平均等效声级(L_d)或夜间平均等效声级(L_n)[dB(A)];

l——监测的路段总长,$l = \sum_{i=1}^{n} l_i$(m);

l_i——第 i 测点代表的路段长度(m);

L_i——第 i 测点测得的等效声级[dB(A)]。

道路交通噪声强度等级"一级"至"五级"可分别对应评价为"好""较好""一般""较差"和"差"。道路交通噪声强度等级划分见表 5-21。

表 5-21 道路交通噪声强度等级划分　　　　　　　　　　　dB(A)

等级	一级	二级	三级	四级	五级
昼间平均等效声级($\overline{L}_d$)	≤68.0	68.1~70.0	70.1~72.0	72.1~74.0	>74.0
夜间平均等效声级($\overline{L}_n$)	≤58.0	58.1~60.0	60.1~62.0	62.1~64.0	>64.0

二、工业企业厂界环境噪声监测

本任务参照《工业企业厂界环境噪声排放标准》(GB 12348—2008)实施,标准规定了工业企业和固定设备厂界环境噪声排放限值及其测量方法。本标准适用于工业企业噪声排放的管理、评价及控制。机关、事业单位、团体等对外环境排放噪声的单位也按本标准执行。

(一)测量仪器

测量仪器为积分平均声级计或环境噪声自动监测仪,其性能应不低于Ⅱ型仪器的要求。测量 35 dB 以下的噪声应使用Ⅰ型声级计,且测量范围应满足所测量噪声的需要。校准所用仪器应符合《电声学 声校准器》(GB/T 15173—2010)对Ⅰ级或Ⅱ级声校准器的要求。当需要进行噪声的频谱分析时,仪器性能应符合《电声学 倍频程和分数倍频程滤波器》(GB/T 3241—2010)中对滤波器的要求。

测量仪器和校准仪器应定期检定合格,并在有效使用期限内使用;每次测量前、后必须在测量现场进行声学校准,其前、后校准示值偏差不得大于 0.5 dB,否则测量结果无效。测量时传声器加装防风罩,测量仪器时间计权特性设为"F"挡。

(二)测量条件

(1)气象条件:测量应在无雨雪、无雷电天气,风速为 5 m/s 以下时进行。不得不在特殊气象条件下测量时,应采取必要措施保证测量准确性,同时注明当时所采取的措施及气象情况。

(2)测量工况:测量应在被测声源正常工作时间进行,同时注明当时的工况。

(三)测点位置

1. 测点布设

根据工业企业声源、周围噪声敏感建筑物的布局以及毗邻的区域类别,在工业企业厂界布设多个测点,其中包括距噪声敏感建筑物较近以及受被测声源影响大的位置。

2. 测点位置一般规定

一般情况下,测点选在工业企业厂界外 1 m、高度 1.2 m 以上、距任一反射面距离不小于 1 m 的位置。当厂界有围墙且周围有受影响的噪声敏感建筑物时,测点应选在厂界外 1 m、高于围墙 0.5 m 以上的位置。当厂界无法测量到声源的实际排放状况时(如声源位于高空、厂界设有声屏障等),应同时在受影响的噪声敏感建筑物户外 1 m 处另设测点。室内噪声测量时,室内测量点位设在距任一反射面至少 0.5 m、距地面 1.2 m 高度处,在受噪声影响方向的窗户开启状态下测量。固定设备结构传声至噪声敏感建筑物室内,在噪声敏感建筑物室内测量时,测点应距任一反射面至少 0.5 m、距地面 1.2 m、距外窗 1 m 以上,在窗户关闭状态下测量。被测房间内的其他可能干扰测量的声源(如电视机、空调机、排气扇及镇流器较响的日光灯、运转时出声的时钟等)应关闭。

(四)测量时段

(1)分别在昼间、夜间两个时段测量。夜间有频发、偶发噪声影响时同时测量最大声级。

(2)被测声源是稳态噪声,采用 1 min 的等效声级。

(3)被测声源是非稳态噪声,测量被测声源有代表性时段的等效声级,必要时测量被测声源整个正常工作时段的等效声级。

(五)背景噪声测量

(1)测量环境:不受被测声源影响且其他声环境与测量被测声源时保持一致。

(2)测量时段:与被测声源测量的时间长度相同。

(六)测量记录

噪声测量时需做测量记录。记录内容应主要包括:被测量单位名称、地址、厂界所处声环境功能区类别、测量时气象条件、测量仪器、校准仪器、测点位置、测量时间、测量时段、仪器校准值(测前、测后)、主要声源、测量工况、示意图(厂界、声源、噪声敏感建筑物、测点等位置)、噪声测量值、背景值、测量人员、校对人、审核人等相关信息。

(七)测量结果修正

(1)噪声测量值与背景噪声值相差大于 10 dB(A)时,噪声测量值不作修正。

(2)噪声测量值与背景噪声值相差在 3~10 dB(A)之间时,噪声测量值与背景噪声值的差值取整后，按表 5-22 进行修正。

表 5-22 测量结果修正表　　　　　　　　　　　　dB(A)

差值	3	4～5	6～10
修正值	−3	−2	−1

(3)噪声测量值与背景噪声值相差小于 3 dB(A)时，应采取措施降低背景噪声后，按前两项要求执行。

(八)测量结果评价

(1)各个测点的测量结果应单独评价。同一测点每天的测量结果按昼间、夜间进行评价。

(2)最大声级 L_{max} 直接评价。

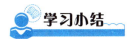

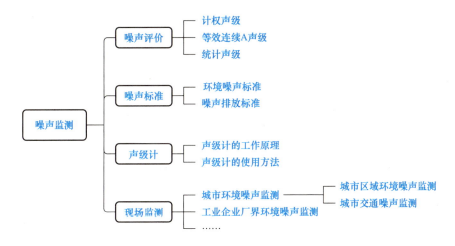

拓展知识

根据生态环境部《关于印发 2021 年全国生态环境监测方案的通知》(环办监测函〔2021〕88 号)，声环境质量监测范围为县级以上城市，要求逐步将县级以上所有开展声环境监测的城市纳入声环境监测网。目前，全国共有 324 个地级市及以上城市开展了功能区声环境质量监测，共设置 3 511 个监测点位。生态环境部发布的《2020 中国生态环境状况公报》显示我国声环境状况正逐渐好转。

1. 区域声环境

2020 年，开展昼间区域声环境监测的 324 个地级市及以上城市平均等效声级为 54.0 dB。14 个城市昼间区域声环境质量为一级，占 4.3%；215 个城市为二级，占

66.4%；93个城市为三级，占 28.7%；2个城市为四级，占 0.6%；无五级城市。

2. 道路交通声环境

2020 年，开展昼间道路交通声环境监测的 324 个地级市及以上城市平均等效声级为 66.6 dB。227 个城市昼间道路交通声环境质量为一级，占 70.1%；83 个城市为二级，占 25.6%；13 个城市为三级，占 4.0%；1 个城市为四级，占 0.3%；无五级城市。

3. 功能区声环境

2020 年，开展功能区声环境监测的 311 个地级市及以上城市各类功能区昼间达标率为 94.6%，夜间达标率为 80.1%。

1. 试问在夏天 40 ℃时空气中的声速比在冬天 0 ℃时快多少？在两种温度下 1 000 Hz 声波的波长分别为多少？

2. 某泵房一个工作日噪声暴露情况如下：90 dB、4 h，98 dB、125 min，其余时间均在 76 dB，求该泵房的等效连续 A 声级。

3. 在车间内有三台设备，各自启动时作用于人耳的声压级分别为 70 dB、75 dB 和 65 dB，求三台设备同时启动时的总声压级。

4. 某车间工人在 8 h 工作时间内，有 1 h 接触 80 dB(A) 的噪声，2 h 接触 85 dB(A) 的噪声，2 h 接触 90 dB(A) 的噪声，3 h 接触 95 dB(A) 的噪声，求该车间的等效连续 A 声级。

5. 某城市全市白天平均等效声级为 65 dB(A)，夜间全市平均等效声级为 50 dB(A)，求全市昼夜平均等效声级。

6. 简述声级计的结构、原理和使用方法。对声级计的基本要求是什么？

7. 一个倍频程包括几个 1/3 倍频程？若每个 1/3 倍频带有相同的声能，则一个倍频带的声压级比一个 1/3 倍频带的声压级大多少分贝？

8. 如何测量环境噪声？

9. 如何测量工业企业生产环境噪声？

10. 以你所在校园为例，说明如何测量其环境噪声？

11. 已知环境背景噪声的倍频程声压级（表 5-23），求 A 计权声级。

表 5-23 环境背景噪声的倍频程声压级

f/Hz	63	125	250	500	1 000	2 000	4 000	8 000
L_p/dB	90	95	97	82	80	68	81	70

12. 下面是一份噪声测量记录，试计算 L_{10}、L_{50}、L_{90}、L_{eq}。

环境噪声测量记录

_____年_____月_____日　　_____时_____分_____时_____分

星期_____　　　　　　　　　　　　　测量人_____
天气_____　　　　　　　　　　　　　仪器_____
地点_____路_____路交叉口　　　　　计权网络A挡
噪声源交通噪声：7 辆/min　　　　　　 快慢挡　慢挡
取样间隔：5 s　　　　　　　　　　　　取样总次数100次

58	62	65	76	80	67	61	69	70	64
65	65	68	66	69	69	68	68	55	60
66	70	62	66	65	70	72	70	73	65
62	60	55	57	59	70	62	68	67	71
68	66	60	58	60	68	63	66	61	62
64	67	64	66	66	58	61	70	70	67
66	68	68	65	69	68	63	69	70	64
68	69	71	74	66	67	68	71	65	66
70	70	70	68	70	62	60	70	62	62
65	66	57	65	58	71	66	67	55	60

参考文献

[1] 王怀宇. 环境监测[M]. 2版. 北京：高等教育出版社. 2014.
[2] 姚运先. 水环境监测[M]. 北京：化学工业出版社，2020.
[3] 奚旦立. 环境监测[M]. 5版. 北京：高等教育出版社，2019.
[4] 王英健，杨永红. 环境监测[M]. 3版. 北京：化学工业出版社，2019.
[5] 国家环境保护总局，《空气和废气监测分析方法》编委会. 空气和废气监测分析方法[M]. 4版. 北京：中国环境科学出版社，2003.
[6] 国家环境保护总局. 水和废水监测分析方法[M]. 4版. 北京：中国环境科学出版社，2002.